/科技部推荐优秀科普图书/

华美服饰

总顾问 冯天瑜 钮新强
总主编 刘玉堂 王玉德

邓儒伯 著

上海科学技术文献出版社
Shanghai Scientific and Technological Literature Press
长江出版社
CHANGJIANG PRESS

长江文明馆献辞
（代序一）

冯天瑜

无边落木萧萧下，
不尽长江滚滚来。
——杜甫《登高》

江河提供人类生活及生产不可或缺的淡水，并造就深入陆地的水路交通线，江河流域得以成为人类文明的发祥地、现代文明繁衍畅达的处所。因此，兼收自然地理、经济地理、人文地理旨趣的流域文明研究经久不衰。尼罗河、幼发拉底—底格里斯河、印度河、恒河、莱茵河、多瑙河、伏尔加河、亚马孙河、密西西比河、黄河、珠江等河流文明，竞相引起世人关注，而作为中国“母亲河”之一的长江，更以丰饶的自然秉赋、悠远深邃的文化积淀、广阔无垠的发展前景，理所当然成为江河文明研究的翘楚。历史呼唤、现实诉求，长江文明馆应运而生。她以“长江之歌 文明之旅”为主题，以水孕育人类、人类创造文明、文明融于生态为主线，紧紧围绕“走进长江”、“感知文明”和“最长江”三大核心板块，利用现代多媒体等手段，全方位展现长江流域的旖旎风光、悠久历史和璀璨文明。

干流长度居亚洲第一、世界第三的长江，地处亚热带北沿，人类文明发生线——北纬30° 线横贯流域。而此纬线通过的几大人类古文明区（印度河流域、两河流域、尼罗河流域等）因副热带高压控制，多是气候干热的沙漠地带，作为文明发展基石的农业仰赖江河灌溉，故有“埃及是尼罗河赠礼”之说。然而，长江得大自然眷顾，亚洲大陆中部崛起的青藏高原和横断山脉阻挡来自太平洋季风的水汽，凝集为巫山云雨，致使这里水热资源丰富，最适宜人类生存发展，是中国乃至世界自然禀赋优越、经济文化潜能巨大的地域。

长江流域的优胜处可归结为“水”—“通”—“中”三字。

一、淡水富集

长江干流、支流纵横，水量充沛，湖泊星罗棋布，湿地广大，是地球上少有的亚热带淡水富集区，其流域蕴蓄着中国35%的淡水资源、48%的可开发水电资源。如果说石油是20世纪列国依靠的战略物资，那么，21世纪随着核能及非矿物能源（水能、风能、太阳能等）的广为开发，石油的重要性呈缓降之势，而淡水作为关乎生命存亡而又不可替代的资源，其地位进一步提升。当下的共识是：水与空气并列，是人类须臾不可缺的“第一资源”。长江的淡水优势，自古已然，于今为烈，仅以南水北调工程为例，即可见长江之水的战略意义。保护水生态、利用水资源、做好水文章，乃长江文明的一个绝大题目。

二、水运通衢

在水陆空三种运输系统中，水运成本最为低廉且载量巨大。而长江的水运交通发达，其干支流通航里程达6.5万千米，占全国内河通航里程的52.5%，是连接中国东中西部的“黄金水道”，其干线航道年货运量已逾十亿吨，超过以水运发达著称的莱茵河和密西西比河，稳居世界第一位。长江中游的武汉古称“九省通衢”，即是依凭横贯东西的长江干流和南来之湖湘、北来之汉水、东来之鄱赣造就的航运网，成为川、黔、陕、豫、鄂、湘、赣、皖、苏等省份的物流中心，当代更雄风振起，营造水陆空几纵几横交通枢纽和现代信息汇集区。

三、文明中心

如果说中国的自然地理中心在黄河上中游，那么经济地理、人口地理中心则在长江流域。以武汉为圆心、1000千米为半径画一圆圈，中国主要大都会及经济文化繁荣区皆在圆周近侧。居中可南北呼应、东西贯通、引领全局，近年遂有“长江经济带”发展战略的应运而兴。长江经济带覆盖中国11个省（市），包括长三角的江浙沪3省（市）、中部4省和西南4省（市）。11省（市）GDP总量超过全国的4成，且发展后劲不

可限量。

回望古史，黄河流域对中华文明的早期发育居功至伟，而长江流域依凭巨大潜力，自晚周疾起直追，巴蜀文化、荆楚文化、吴越文化与北方之齐鲁文化、三晋文化、秦羌文化并耀千秋。龙凤齐舞、国风—离骚对称、孔孟—老庄竞存，共同构建二元耦合的中华文化。中唐以降，经济文化重心南移，长江迎来领跑千年的辉煌。近代以来，面对“数千年未有之大变局”，长江担当起中国工业文明的先导、改革开放的先锋。未来学家列举“21世纪全球十大超级城市”，依次为：印度班加罗尔、中国武汉、土耳其伊斯坦布尔、中国上海、泰国曼谷、美国丹佛、美国亚特兰大、墨西哥昆坎—图卢姆、西班牙马德里、加拿大温哥华。在可预期的全球十大超级城市中，竟有两个（武汉与上海）位于长江流域，足见长江文明世界地位之崇高、发展前景之远大。

为着了解这一切，我们步入长江文明馆，这里昭示——

一道天造地设的巨流，怎样在东亚大陆绘制兼具壮美柔美的自然风貌；

一群勤勉聪慧的先民，怎样筚路蓝缕，以启山林，开创丰厚优雅的人文历史。

（作者系长江文明馆名誉馆长、武汉大学人文社科资深教授）

一馆览长江 水利写文明
（代序二）

钮新强

“你从雪山走来，春潮是你的风采；你向东海奔去，惊涛是你的气概……”一首《长江之歌》响彻华夏，唱出中华儿女赞美长江、依恋长江的深厚情感。

深厚的情感根植于对长江的热爱。翻阅长江，她横贯神州6300千米，蕴藏了全国1/3的水资源、3/5的水能资源，流域人口和生产总值均超过全国的40%；她冬寒夏热，四季分明，沿神奇的北纬30º延伸，形成了巨大的动植物基因库，蕴育了发达的农业，鱼儿欢腾粮满仓的盛景处处可现；她有上海、武汉、重庆、成都等国之重镇，现代人类文明聚集地如颗颗明珠撒于长江之滨；她有神奇九寨、长江三峡、神农架等旅游胜地，多少享誉世界的瑰丽美景纳入其中；她令李白、范仲淹、苏轼等无数文人墨客浮想联翩，写下无数赞美的词赋，留下千古诗情。

长江两岸中华儿女繁衍生息几千年，勤劳、勇敢、智慧，用双手创造了令世人瞩目的巴蜀文明、楚文明及吴越文明。这些文明如浩浩荡荡的长江之水，生生不息，成为中华文明重要组成部分。

人类认识和开发利用长江的历史，就是一部兴利除弊的发展史，也是长江文明得以丰富与传承的重要基石。据史料记载，自汉代到清代的2100年间，长江平均不到十年就有一次洪水大泛滥，历代的兴衰同水的涨落息息相关。治国先必治水，成为先祖留给我们的古训。

为抵御岷江洪患，李冰父子筑都江堰，工程与自然的和谐统一，成就了千年不朽，成都平原从此“水旱从人、不知饥馑”,天府之国人人神往。

一条京杭大运河，让两岸世世代代的子孙受惠千年。今天，部分河段化身为南水北调东线调水的主要通道，再添新活力，大运河成为连接古今的南北大命脉。

新中国成立以后，百废待兴，党和政府把治水作为治国之大计，长江的治理开发迎来崭新的时代。万里长江，险在荆

江。1953年完建的荆江分洪工程三次开闸分洪，抗击1954年大洪水，确保了荆江大堤及两岸人民安全。面对'54洪魔带来的巨大创伤，长江水利人开启长江流域综合规划，与时俱进，历经3轮大编绘，使之成为指导长江治理开发的纲领性文件。

"南方水多，北方水少，能不能从南方借点水给北方？"毛泽东半个多世纪前的伟大构想，是一个多么漫长的期盼与等待呀。南水北调的蓝图，在几代长江水利人无悔选择、默默坚守、创新创造中终于梦想成真，清澈甘甜的长江水在"人造天河"里欢悦北去，源源不断地流向广袤、干渴的华北平原，流向首都北京，流向无数北方人的灵魂里。

新中国成立以来，从长江水利人手中，长江流域诞生了新中国第一座大型水利工程——丹江口水利枢纽工程、万里长江第一坝——葛洲坝工程、世界最大的水利枢纽——三峡工程。与此同时，沉睡万年的大小江河也被一条条唤醒，以清江水布垭、隔河岩等为代表的水利工程星罗棋布，嵌珠镶玉。这是多么艰巨而充满挑战、闪烁智慧的治水历程!也只有在这条巨川之上，才能演绎出如此壮阔的治水奇观，孕育出如此辉煌的水利文明，为古老的长江文明注入新的动力!

当前，长江经济带战略、京津冀协同发展战略及一带一路建设正加推提速，长江因其特殊的地理位置与优质的资源禀赋与三大战略（建设）息息相关，长江流域能否健康发展关系着三大战略（建设）的成败。因此，长江承载的不仅是流域内的百姓富强梦，更是中华民族的伟大复兴梦。长江无愧于中华民族母亲河的称号，她的未来价值无限，魅力永恒。

武汉把长江文明馆落户于第十届园博会园区的核心区，塑造成为园博会的文化制高点和园博园的精神内核，这寄托着武汉对长江的无比敬重与无限珍爱。可以想象，长江文明馆开放之时，来自五湖四海的人们定将发出无比的惊叹：一座长江文明馆，半部中国文明史。

（作者系长江文明馆名誉馆长，中国工程院院士、长江勘测规划设计研究院院长）

目　录

长江流域服饰概述 / 1

寻根探源 / 2

流变演进 / 5

长江流域服饰的地域特色 / 48

长江上游的服饰 / 50

长江中游的服饰 / 60

长江下游的服饰 / 73

长江流域服饰的民族风情 / 87

藏族服饰 / 88

彝族服饰 / 92

羌族服饰 / 94

苗族服饰 / 97

白族服饰 / 99

土家族服饰 / 102

畲族服饰 / 105
壮族服饰 / 107
其他少数民族服饰 / 109

长江流域服饰的文化价值 / 130

明晰探寻历史轨迹 / 131
客观考见时代变迁 / 132
真实反映生存环境 / 134
细微洞察世态民风 / 135

后记 / 139

长江流域服饰概述

中华文化的起源是多元的，作为中华文化发祥地之一的长江流域，其服饰文化源远流长。长江流域服饰既是中华服饰的重要组成部分，又有着不同于其他区域服饰的鲜明特色。绚丽多姿的长江流域服饰文化，无疑是中华服饰文化一道格外亮丽的风景。

寻根探源

长江流域是中华民族古文化发祥地之一，作为长江流域文明史的一部分，长江流域的服饰文化史也同样古老而悠久。数千年来，在漫长的岁月里，长江流域的人民创造了无数精美绝伦的服饰，为我们研究长江流域服饰文化提供了极其宝贵的财富。相对于以黄河流域为代表的北方而言，以长江流域为代表的南方因处于四季分明的地理位置，这就使得它在服饰上的发展和变化上，既多姿多彩，又有“板”有“眼”；既着意翻新，又变换有致，显示出独特的情趣和神韵，表现出特别鲜明的地域特色。同时，在长江流域这片广袤的土地上，休养生息着30多个民族。众多的民族，其穿着打扮千姿百态，千差万别，又自然而然地展示出形类的多样性和风格的多元化。例如彝族姑娘有一种头饰非常奇特，是用长大约82.5厘米、宽大约33厘米的大红布做面，贴在比较厚实的土布上，上端的中间绣2朵蓝心大红花，周围绣了圈整齐的图案，再用蓝色或绿色布粘在底面，从中折两下，自脑后直盖头顶上，绣花的一面朝后，还要用两条头箍把底层扎在额头上。藏族妇女头饰中最有特色的“巴珠”，是用布和红呢子扎成形状不同的架子，有的呈三角形，有的似半月形，上面缀着松耳石、珊瑚、串珠等，顶在头上，与头发结在一起，别有风味。而白族妇女最喜爱的一种头饰叫“登机”，以条形的银饰接连成圆形，又用圆形银纽扣镶嵌在边沿，看上去线条分明，富有立体感。再有如土族妇女戴“扭达”，布依族妇女梳“高头”……凡此种种，不胜枚举。这些民族的服饰五光十色，千姿百态，风情万种，集中表现了长江流域各民族人民的文化及心理特征。

源远流长的长江流域服饰经过历史长河的漂洗，不断地传承、演变、改进、发展，呈现出丰富多姿、风格多样的面貌，置身其中，让人目眩神迷，叹为奇观。不由得怀古追昔，心神驰荡。

在原始社会时期，因生产力水平低下，我们的祖先曾度过了赤身裸体的时代。正如庄子所云，“古者民不知衣服”，冬天用夏天积存下来的柴草烧火取暖，叫做“知生之民”。那么，长江流域的先民们是何时开始有衣服的呢？衣服的最初面料是什么呢？衣服的最初形制如何呢？

在云南地区曾经流传着这样一则传说：

很久很久以前，我们的先民都是靠在山林里采集野果充饥，光着身子，没什么披挂遮掩，就这么日复一日地生活。有一天，几个姑娘又到深山老林里找野果吃，荆棘划破了手臂，树枝戳破了腿脚，身上满是伤痕。她们疼痛难忍，就找块地方坐下来休息。这时，有位姑娘看见一群孔雀长有美丽的羽毛，心中忽然一亮，对姐妹们说，你们看小鸟都会用羽毛保护身子，我们为什么不能用好看的东西把身体遮起来呢？于是，她撕下木棉树皮，把腰部围起来；摘下芭蕉叶，把腿以上遮住；还摘下好多别的树叶连缀起来，披在肩上。姐妹们看到她用树叶、树皮把身子围住，确实比原来好看多了，也都照着样子用细藤把树皮、树叶连在一起围在身上。看上去斑斑点点，形形色色，就像是一条条漂亮的裙子。打这以后，人们争相仿效，告别了光着身子的过去。

传说虽不能当作信史，但是至少透露了一些信息，即早期人类的服装大多取自天然的材料。在那遥远的古代，人们只能从周围的环境中去发现材料来制成最初的服装：或许当风雨侵袭时，他们发现了树叶的遮掩作用；或许在寒冷难耐时，他们钻进了草丛和林叶中，感觉到它们的保暖作用；或许当他们有了羞耻的意识时，知道用一片绿叶来围住赤裸身子的敏感部位。

长江流域许多有关少数民族的文献记载，也证明了草叶和树皮是衣着的最初形式和材料。《滇书》卷上称我国古代苗族“楫木叶以为衣服”。田雯所著的《苗俗记》称：“平伐司苗在贵定县，男子披草衣短裙，妇人长裙缉髻。”陈鼎所著的《滇黔记游》称：云南“夷妇纫叶为衣，飘飘欲仙。叶似野栗，甚大而软，故耐缝纫，具可却雨”。康熙年间出版的《永昌府志》卷二四记载：景颇族“以树皮毛布为衣，掩脐其下，手戴骨圈，插鸡毛，缠红藤”。这些少数民族自古以来就在长江流域活动、居住，从文献记述来看，他们这种原始风俗与数万年前原始人的衣着习俗极为相似，也印证了长江流域远古先民的服饰文化水平。

虽然传说使人感觉扑朔迷离、捉摸不定，仅有的文献记载也显得有些零碎，但在长江流域远古的文化遗址中，那些冰冷的化石中保存的不朽遗迹，却可以使人们大开眼界。

人类的服饰风俗，从一开始，就是与人类的生产力发展水平和人类的文明化程度息息相关的。

最早的服装是原始人把树叶、草叶缠裹在身上，或用石器把兽皮稍加分割后披在身上或掩于下体。而到了人类能磨制骨针时，便用骨针来缝制衣服，使服饰有了进一步的发展。考古工作者在辽宁海城小孤山洞穴发现的穿孔骨针，年代距今 2 万~4 万年，是中国迄今为止发现的最早的骨针遗物。北京周口店山顶洞遗址内，也发现了骨针和穿孔的兽牙、海蚶壳、石珠等装饰品，它们的时代距今已有 2 万多年。在长江流域，云南蒲缥塘子沟、四川资阳黄鳝溪等远古文化址中，也都陆续有大量骨锥、骨针出土。这些骨针、骨锥的发现说明，在中国旧石器时代晚期，古人类已能将一些天然的材料（如兽皮等）加以缝制，使之更适合身体的需要。这也说明，在旧石器时代晚期，不独黄河流域，长江流域也已初步形成了最原始的服饰造型样式和服装意识，长江流域服饰文化从此拉开了序幕。

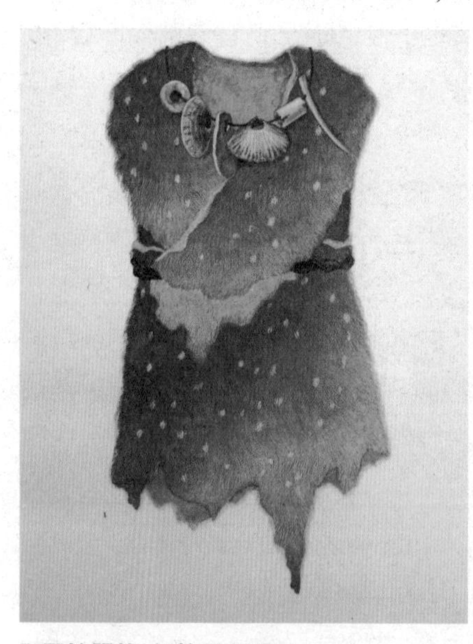

「原始服饰、佩饰展示图」

在长江流域的另外一些文化遗址中，更多的出土实物证明了原始服饰的发展、变化状况。在浙江河姆渡新石器时代文化遗址中，考古工作者发掘大批内有圆孔的陶制纺轮、骨匕、骨针、骨管状针、角梭形器、木刀、木匕、木轻轴、木梳形器、小木棒等纺织和缝纫工具，还发现了许多绳子、苇席等编织物，这说明早在公元前 5000 年前后，长江流域的先民们已在中华服饰文化史上写下了光辉的一页。

从考古发掘的文物来看，长江流域制作服装的材料有一个渐进的历史发展过程。在长期使用树叶、草叶、兽皮等服装材料之后，人们渐渐地又以葛为制作服装的原料。

葛为江南的一种野生植物，也就是今天南方常见的葛藤，它生长于山间野岭，长达数米至数十米不等，表皮坚韧，但放入沸水中煮过之后，就会变软，并可从中抽出白而细的纤维来，这种白色纤维正是古代人用来编织衣服的材料。

江苏吴县唯亭镇的草鞋山古文化遗址中曾出土了我国已知最早的纺织品实物残片。经科学鉴定，其纤维原料为野生葛，这种葛布残片被考古工作者确认为6000年前新石器时代的遗物。到4000年前，长江流域的纺织技术又有了很大的提高，服装的制作原料也出现了新的变化。1958年，在浙江吴兴钱山漾遗址中发现4700多年前的苎麻织物残片，说明麻也是古代长江流域常用的制作服装的原料。从钱山漾出土的芒麻织物残片来看，当时的纺织技艺已经相当高明，甚至与现当代的“粗布”相差无几。据专家认定，出土的苎麻织物残片每平方厘米的经纬线通常为24根，也有部分是经31根、纬20根，每根麻线的直径不及半毫米。在那样遥远的时代，长江流域的先民就具备了如此先进的纺织技术，足以使今天的人们惊叹不已。更加值得一提的是在浙江吴兴钱山漾遗址中，考古工作者还发现了一批纺织品实物，其中包括丝绢、丝带和丝线等。经专家鉴定，都是以家蚕丝作为原料纺织而成的。它们是目前所见丝织品中年代最早的实物，可见采桑养蚕、抽丝织锦，在4700多年前已经是制作衣料的一种途径。从我国新石器时代的重要遗址——浙江余姚河姆渡出土的牙雕水盘外壁雕刻有四条蚕纹图案这一考古发现分析，可以肯定当时长江流域的先民已经开始了育蚕织锦的历史。

流变演进

如前所述，服装的最初样式应当是十分简便且大致相同的，夏天取树叶掩体，冬天用兽皮遮盖。《白虎通义》说：“太古之时，衣皮苇，能覆前不能覆后。”由此可知，人类最早是用树叶或兽皮围在腹下膝前。这种服饰样式形成的根本原因是出于实用，因为这样做，不仅可以使腹部御寒，而且也可以遮羞，同时还可能是为了保护人类赖以繁殖后代的生殖器。后来，人们把兽皮中央穿一个洞，或者在一边切割出个凹口，套在脖子上或披系于肩，这大概就是最早的所谓“套头衫”和“披风斗篷”吧。

根据考古资料反映，在新石器时代，长江流域的先民就较多地利用纺织品做原材料，做成“套”或“披”的样式，并普遍流行了相当长一段时期。直到当代，长江流域的居民穿着中，仍可寻觅到“套”或“披”的踪影。

在云南的一些彝族地区，曾流行用一张整羊皮做的羊皮褂，以羊腿部皮当系衣的纽带，冬季毛朝里，夏季毛朝外。居住在云南的纳西族有一种羊毛披肩，就是将一块方羊皮用绳子拴在身上。数十年前的独龙族仍“不知缝纫之法，男子上身用麻布一方，斜披身后，遮羞而已”。还有流行于长江流域某些少数民族地区的披毡，也是由古代的“披风斗篷”发展而来的。人们利用披毡“昼则披，夜则卧，晴雨寒暑，未始离身”，这种披毡与我们祖先最初的服装式样不无渊源。

在我国古史记载和金文中，有“赐汝赤芾朱黄”一句，又有“赤芾在股”之说。“芾”字在金文中写作象形的“市”状，被历来的诠释者认为施用于服饰，象征太古时代蔽膝的含义。东汉郑玄注释曰：“古代田渔而食，因用其皮先作掩蔽于前面的下体，以后再掩蔽其后面。”这实际上是当时的另一种服装样式，叫做“围”，即围腰。再往后，人们把蔽前与蔽后的两片围腰用骨针连缀缝合起来，即为裳，也就是后世所谓裙。在长江流域一些少数民族地区，妇女常穿的筒裙，可以说是保留了古代“裳”的遗风。

「商代笄饰男女(河南安阳殷墟妇好墓出土玉人)」

上身有衣、下身有裳的衣裳制度，是形成于5000多年前的中华服饰的基本形制。

据考古学者和服饰专家研究，我国西周以前的衣着服饰，主要是采用上衣下裳制，其流行范围主要是黄河中下游地区。但是，由于战争的频繁发生，或者是自然灾害的缘故，中原族团纷纷南迁，华夏服饰形制自然而然地被带到南方，影响着该地域土著服饰形制。如属新石器时代的河南淅川下王岗晚一期遗址和湖南石门皂市商周遗址中，就分别出土过骨簪和铜簪。簪用于束发固冠，是华夏服饰的重要标志之一。

为了进一步说明这一问题，我们不妨考察一下当时生活在长江中游的一些土著族系的服饰。商周时期（约公元前17世纪初—公元前771年），长江中游两湖地区土著繁多，主要的族系有濮、越和荆蛮等。这些民族的服饰与中原华夏族服饰是否不同呢？《战国策·越策》："翦发文身，错臂左衽，瓯越之民也。"所谓翦发，即断发之意，人披短发。文身即将花纹刺于身体某一部位。错臂者，刺纹饰于双臂也。左衽即衣襟左开。长沙出土的越人匕首头像，就是这种服饰的生动再现：袖口窄小，袖子在左手腕处打结，腰间系短裙，上有尖角形、条形图案。这种形式仍属于上衣下裳制，只是稍有变化。濮族的服饰，文献失载，但汉代的西南夷中混有濮人成分，司马迁在《西南夷列传》中或说为魋结，或为编发，与华夏发式不同，可见服式有差异。通过对该地区铜器图像的观察，女性无论贵贱，都服饰单一，皆服宽大对襟外衣，长过其膝，袖宽且短，仅及肘部。这表明濮族的服饰可能也是上衣下裳制。再说荆蛮或曰楚蛮，乃三苗与祝融族团支裔混血而成的南方民族，而祝融部落集团最初居住在中原地区，由此可见，其服

「窄袖织纹衣穿戴展示图
（根据出土铜人服饰复原绘制）」

饰也大体上接近华夏系统。

上衣下裳形制既备，帽子、鞋子、佩饰等便相继产生。帽子的产生也是因为防暑御寒的需要，人们最初把一片树叶或树皮顶在头上以避免烈日的炙烤和雨水的侵淋，或将一块皮毛包在头上以防冻，这就是最早的帽子。《后汉书·舆服志》载："上古衣毛而冒皮。"《释名》说："冒，帽也。"《云南志略·诸夷风俗》称：古代僚人以"桦皮为冠"。有些以兽皮制作的帽子上，装饰有兽角、牛角或鸟类的羽毛。《黔记》上说："黑脚苗……头插白翎"。檀萃著《滇海虞衡志》卷十二称：哈尼族"头插鸡毛跳舞"。景泰著《云南图经志书》卷六记述：阿昌族"男子顶髻戴竹鍪，以毛熊缘之，上以猪牙雉尾为顶饰，衣无领袖"。一般说来，长江流域的各族人民自古都是男子多戴帽，妇女多裹包头。不过，也有一些少数民族的男子始终保持着用布缠裹包头的传统习俗。

人们用树皮或兽皮裹脚以抵御冰雪严寒，这就是最早的鞋，后来才由裹脚之物逐渐发展为真正意义上的鞋。《世本》载："于则作扉履。"于则是黄帝之臣，由此可知先有衣裳而后才有鞋。《释名》云："齐人谓韦履曰扉。扉，皮也，以皮作之。"

估计近世仍见的靰鞡鞋与原始的"皮鞋"相似。在长江中下游地区，许多民族则多以草或麻编织成鞋。及至前些年，在鄂东和鄂南地区，许多人都还是穿着这种以草或麻编制的鞋子，或行走于山间小道，或劳作于田间地头，这种鞋子穿在脚上，既轻便又舒适，在泥泞的土路上行走可以防滑，在坎坷的石路上行走可防创伤，经济而实用。笔者儿时还曾在父辈的指教下练习过编织草鞋、麻鞋。桂馥所著的《滇游续笔·麻竹》也记载：云南"土人破麻绳作履，谓之麻竹"。

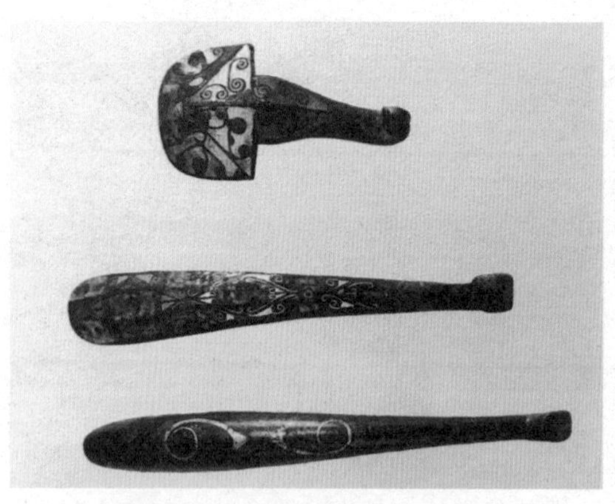
「金银错带钩(传世实物,原件现藏上海博物馆)」

佩饰是指佩戴在人体各部位的饰物，大致可分头饰、耳饰、颈饰、腰饰、手饰、足饰等。佩饰是服饰的一个重要组成部分。佩饰物品的起源略晚于服装衣着，据考古资料表明，制作和使用佩饰的习俗大约发生在旧石器时代晚期。《后汉书·舆服志》记载：原始人“见鸟兽有冠角髯胡之制，遂作冠、冕、缨、蕤，以为首饰”。山顶洞人遗址曾出土一批石珠、石坠、穿孔鱼骨饰、穿孔介壳等原始佩饰，这是迄今所知中国制作和使用佩饰的最早实例。在商代的遗址中，已出土的有玉珮、铜饰等。周代遗址中出土的玉珮、玉环、玉璜、圭、璋、璧、耳坠、项饰、笄、梳等用于装饰的物品更多。

佩饰除了具有美化功能外，尚具有宗教意识、尊卑观念上的特别意义，能依此看出明显的等级区分。

在长江流域的新石器时代文化遗址中，大多出土了佩饰物品，如河姆渡文化出现的由玉管、璜、玦、环等构成的项饰，马家浜文化则继承了这种传统。又如屈家岭文化也流行各种彩陶环手饰物，上海青浦福泉山崧泽文化遗址则出土了象牙手镯。

到了春秋战国时期（公元前770年至公元前221年），深衣的出现，将上古时代上下不相连的衣和裳连属在一起，是服饰方面一个最重要的变化。关于深衣的造型样式，孔颖达在《五经正义》中作了描述：“此深衣衣裳相连，被体深邃，故谓之深衣。”深衣不分贵贱男女，皆可着用，是春秋战国时期普遍的服装样式。《礼记·深衣》说：“可以为文，可以为武，可以摈相，可以治军旅，完且弗费，善衣之次也。”由此可见，深衣的用途是十分广泛的，故而也流传很广。它先是流行于中原地区，尔后渐渐被其他区域接纳，长江流域的广大地区也先后流行这种服装，特别是楚人普遍着用深衣，只不过在形式上有所变化和改进。如《礼记·深衣》说：深衣“长毋被土”，即不覆于地面，不受到玷污。而楚墓出土的木俑衣着与深衣实物均为长曳被土，这与深衣形制所定的长及于踝，约去地13.2厘米之制有出入。另外，江陵马山砖瓦厂一号楚墓出土了一批直裾衣。深衣应为曲裾，这批服装有绣罗禅衣、锦面袍等。锦袍和禅衣样式基本相同，右衽、交领、直深衣，是楚人的流行服。

春秋战国时期，随着地区间交流的频繁，服饰有开放性的一面，像深衣的出现、流行，就很能说明这个问题。但从总体而言，其中注入的意识和观念，却常常又是自抑和内向的。如战国末秦华阳夫人为楚人，无子，秦异人特地穿着楚服投其欢心，故而被纳为其嗣，这就是利用了内向的服饰乡土观念。《庄子·逍遥游》中云，“宋人资章甫而适诸越，越人断发文身，无所用之”。章甫是一种有玉石装饰的高冠，是商代人的冠制。宋人是殷商后裔，用此种高冠，但若将它拿到越地去，却不适合当地民情。因为越人“断发文身”，是不会戴这种冠的。《韩非子·说林上》记载，鲁国有一对年轻的夫妇，丈夫擅长织屦，妻子善于织缟为冠，想徙居越则必穷蹙，因越地人们喜欢跣行而不穿履，爱好披发而不戴冠。由此可见，一地的服饰习俗要想在另一地去推广，是比较困难的，它需要一个过程。此种现象就连春秋战国时人也常常发出感叹，子贡即举例说道：当初太伯至吴，“端委以治周礼，仲雍嗣之，断发文身，裸以为饰，岂礼也哉，有由然也”。所谓“端”，玄端之衣也；所谓“委”，委貌之冠也，均属于周人的衣冠之式。周尺布宽 72.6 厘米，为衣正幅制不裁剪称之为端；委貌冠是以玄缟制之，又称玄冠。把这类黄河中游地区的服饰拿到长江流域东南地区来，确实不易为当地所接受。总而言之，春秋战国时期各国统治者安民导俗的举措表现在服饰理念上，是重共性而限个性，求观念守常而轻款式繁化，要求“禁异服”，“同衣服”，“衣服不贰，从容有常，以齐其民”。

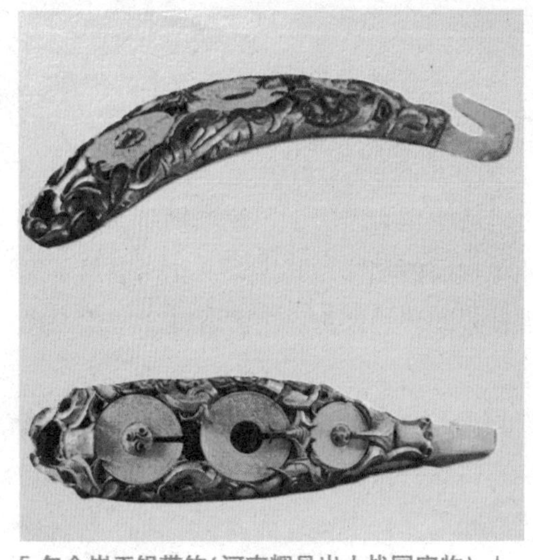

「包金嵌玉银带钩(河南辉县出土战国实物)」

由于统治者的主观导向作用，在很大程度上限制了服饰样式的交流，致使春秋战国时期地域性的服饰差异比较明显。

当时长江流域的服饰形制是怎样的呢？下面，不妨以楚地服饰形制为例，举要说明。当时，楚人着用深衣十分普遍，但是又不完全是照搬中原地区的样式，而是有所改进。1982 年 1 月，在湖北江陵马山一号楚墓发掘出大批保存完好的战国中期的衣衾和丝织品，其中有锦袍数件。有专家认为，若是从结构、规格以及制作上，将楚地锦袍与深衣加以比较，不难发现，其形制虽然与中原地区流行的深衣大体相同，却又可看出其变异和创新。其一，论其尺寸，深衣的长短是有一定规格的，即短不露踝骨，长不及地面，而马山一号楚墓出土的锦袍，大多掩足拔土。其二，论其款式，中原地区的深衣都是交领斜襟。穿时两襟交叠曲绕，腋下或胸前用带相系，衣前的右襟向右掩，称之为右衽。马山一号楚墓出土的衣袍大多为右衽，这说明楚人锦袍沿袭了深衣的形制。然而，又有例外，其中有一件 E 形大菱形纹锦袍，是按左衽穿着，这与深衣的“右衽”形制有明显的差别。其三，论其衣领，深衣的衣领“曲袷如矩以应方”（《礼记·深衣》），领在古时称拾，意思是说由领向右曲下的曲领是方形，以应合方矩。衣领的尺寸为“袷 2 寸、袪 2 寸，缘广寸半”（《礼记·玉藻》）。而马山一号楚墓的锦袍，其衣领不受深衣的形制所限制，有凸领也有凹领，领缘多绮绣，尺寸不一，小至 3.1 厘米宽，大到 10.5 厘米宽。另外，楚人锦袍的衣袖长短也同样没有按中原地区深衣的定制而作。这说明，楚服的特征之一是式样突破礼制，不拘一格，变化多端。

「戴冠、穿齐膝窄袖服的男子（河南三门峡上村岭出土战国铜人）」

楚地妇女服装袖口窄小，衣身很紧，与当时中原地区流行的宽袍大袖区别更是明显。信阳长台关楚墓彩绘女木俑的袖头作窄式，下裳交叠，相掩在背后，不作曲裾绕襟的裁剪法，这样既满足了服饰的需求和美化功能，也可以使行动免受因下裳窄小而舒展不开的限制。这种交相掩襟而又在裾衽边缘上加以各种锦绣的纹饰，使楚地的这种服装实现了装饰性和实用性的完美结合。长沙陈家大山楚墓出土的人物龙凤帛画中，女子脑后挽髻，身穿紧身长袍，袍长曳地，衣袖有垂胡，这种垂胡式的衣袖可以使肘腕行动自如。袖口作窄式，在领、袖等部位，缘有锦边，锦上有条纹图案，是当时楚地服饰一大特色。

楚地服装的衣身紧小，可能与“楚灵王好细腰”有关。楚人尚细腰，都以细腰为美，所以服装的衣身都很紧，其腰宽都细于下摆。对于楚服的这一特点，沈从文先生作了较为详细的评述：“楚服特征是男女衣著多趋于瘦长，领缘较宽，绕襟旋转而下，衣多特别华美，红绿滨纷，衣上有着满地云纹、散点云纹、小簇花纹，边缘多较宽，作规矩图案，一望而知，衣着材料必出于印、绘、绣等不同加工手法，边缘则使用较厚重织锦。”

楚地的人们通常以短衣为常服。《战国策·秦策》载：“异人至，不韦使楚服而见，王后悦其状，高其知，曰：‘吾楚人也。’而自子之，乃变其名曰楚。”鲍彪注：“以王后楚人，故服楚制以说之。”这种楚服的形制如何，文献材料没有进一步说明。《史记·叔孙通传》记载叔孙通见刘邦时说：“通儒服，汉王憎之，乃变其服，衣短衣，楚制，汉王喜。”《楚辞·九辩》云：“被荷裯之晏晏兮。”王逸注：“裯，祇裯也，若襜褕矣。”《说文》：“祇裯，短衣。”襜褕是一种单短衣，比袍服短。《急就篇》注：“长衣曰袍，下至足跗；短衣曰褕，自膝以上。”可见袍与褕的区别是一个稍长，一个略短。根据这些材料，可以推断“异人”穿的楚服是一种短衣，而这种短衣乃是楚人的一种常服。

「穿袍服、挂佩饰的妇女(河南信阳长台关一号墓出土漆绘木俑)」

衣有单（禅）衣，也有夹衣、绵衣。单衣可作内衣，也可在春、夏、秋三季用于外穿。楚地四季分明，因而单衣、夹衣、绵衣一样也不能少。特别是楚地夏日炎热，所以楚人在夏季盛行穿的贴身内衣主要是“汗襦”。《方言》：“汗襦，陈、魏、宋、楚之间或谓之禅襦。”郭璞注曰：“今或呼衫为单襦。”其实，单襦就是短衫。

春秋战国时期，要识别楚人，首先便是看冠服（或曰首服）。据《左传·成公九年》记载，楚钟仪囚于晋国时，“晋侯观于军府，见钟仪，问之曰：‘南冠而絷者谁也？’有司对曰：‘郑人所献楚囚也。’”杜预注：“南冠，楚冠。”晋侯看到钟仪戴的南冠，就知道他不是晋人，可见，楚地服饰在冠制上也是有别于中原诸夏的。甚至可以说，楚冠与楚衣相比，带有更多的楚地特色。楚冠的种类与形制大致有高冠、长冠、獬豸冠、皮冠、扁圆小帽、尖维形帽、平顶细腰形帽等。

另外，楚地的广大乡村百姓（时称庶人）流行戴头巾。这也是由当时的礼法所规定的，即庶人不能着冠，而只能戴头巾。传为宋玉所作的《小言赋》中记道："景差曰：'……经由针孔，出入罗巾。'"罗巾，也就是用罗纱制成的头巾。头巾，亦称巾帻，应劭《汉官仪》云："帻者，古之卑贱执事不冠者之所服也。"头巾的形制不拘一格，自由多样。其中有一种形制名为络头，或称绡头，扬雄《方言》解释说："络头，帕头也。……南楚江湖之间曰陌头。"其束结方法是由后向前于额头上打结。

春秋战国时期，楚地鞋子样式也很多，且名称不一，如用皮制作的鞋子称作"履"，用葛、麻、丝、草等编织的鞋子则名曰"屦"。《史记·春申君列传》记载："赵平原君使人于春申君，春申君舍之于上舍。赵使欲夸楚，为请瑁簪，刀剑室以珠玉饰之，请命春申君客。春申君客三千余人，其上客皆蹑珠履以见赵使，赵使大惭。"这则有趣的故事中提到的"珠履"，就是指缀有宝珠的鞋子，这样的鞋子自然是做工考究且非常名贵的了，因而也就不是一般人所能拥有的。又据《左传·昭公十二年》记载，楚国王公贵族冬季御寒穿的鞋子中，还有一种名贵的称为"豹舄"的鞋子。豹舄，杜预注："以豹皮为履。"用今天的话来说，就是"豹毛皮鞋"。

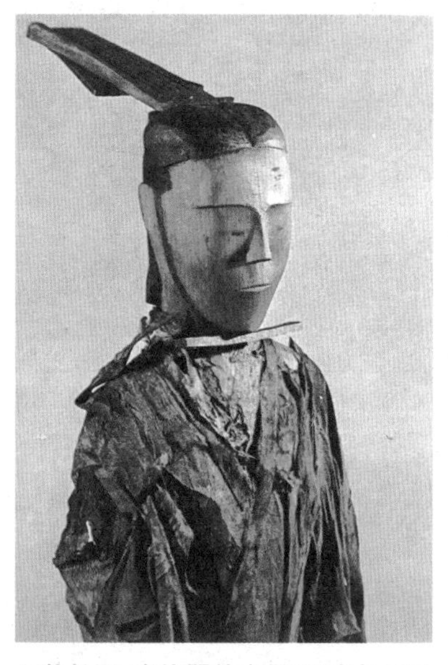
「戴长冠、穿袍服的官员（湖南长沙马王堆汉墓出土著衣木俑）」

秦汉时期（公元前221年—公元220年），随着政治格局的逐渐稳定、经济形势的快速发展和文化交流的日益广泛，人们的服饰较前代有了新的变化，显得更为绚丽多姿，但袍服仍是长江流域的流行服装。如前所述，袍服在春秋战国时期已经出现。开始，袍服还只是一种纳有絮锦的内衣，故穿着时必须加罩外衣。到了汉代，不论男女均可穿着。特别是妇女，除了用作内衣外，有时也可穿在外面，时间一长，袍服就演变为一种外衣。它在形制上也发生了变化，一般多在衣领、衣袖、襟及衣裾等部位缀上花边。随着时间的推移，袍服的制作日益考究，装饰日臻精美。一些别出心裁的妇女，往往在袍上施以重彩，绣上各式花纹。一般妇女婚嫁时也乐于穿此服装。袍服的领子有两种形式：一种为袒领，一般多裁成鸡心式，穿时露出内衣。四川望都汉墓壁画所绘男子就是穿的这种服装。另一种为大襟斜领，即衣襟开得很低，领、袖也用花边装饰。

禅衣往往作为上层人士平日所穿的常服，也可作为一般官吏所穿的公服。禅衣即单层的长衣。《说文》云："禅衣不重。"《大戴礼记》载："禅，单也。"长沙马王堆汉墓曾出土一件轻薄透明的素纱禅衣，长 128 厘米，袖长 190 厘米，仅重 49 克，若扣除衣领和袖上较厚重的缘边，则还要轻。据计算，每平方米衣料不过 12~13 克重，用薄如蝉翼、轻若烟雾来形容，真是再恰当不过了。因为这件禅衣的衣料是纱，又没有颜色，所以称作素纱禅衣。襜褕，也是一种衣相连的衣服。襜褕，又称襜褕。扬雄《方言》云："襜褕，江淮南楚谓之襜褕，自关而西谓之襜褕，其短者谓之裋褕。"一衣而二名。襜褕与深衣有些相似，即"被体深邃"。但区别又在于深衣多用曲裾，而襜褕则是用直裾。从湖北江陵凤凰山汉墓出土的女俑身上，可以看到由前折后、垂直而下的直裾之衣，即是襜褕。湖南长沙马王堆汉墓也发现 3 件襜褕的实物：衣襟前片接长一段，右掩之后，尚有余出一截，呈垂直之状，穿时折向身背，形成直裾。

「素纱禅衣(长沙马王堆一号汉墓出土实物)」

短衣在秦汉时仍然流行，特别是楚地，更以短衣为常服。襦与袭都是短外衣。襦是一种及于膝上的绵夹衣，而袭是没有著絮绵的短夹衣，又称作褶。在汉代，这种窄袖短衣，不仅在长江流域流行，而且在汉代宫廷中也被推崇，甚至成为贵族子弟中最受欢迎的便服。据《汉书·叙传》记载："班伯为奉车都尉，与王、许子弟为群，在于绮襦纨袴之间非其好也。"这些显贵以白色细绫作襦，所以称绮襦。而襦短仅至膝，因而下面必须穿裤子，即所谓“袴”。

关于裤子，秦汉时期仍统称为“裳”，长江流域流行的裳主要有裈、袴等。

裈有两种：一种是有裆的短裤，即合裆裈。《释名·释衣服》云：“裈贯也，贯两脚上系腰中也。”《急就篇》颜师注：“袴合裆谓之裈，最亲身者也。”即是指的这种裈。这种裈多为农夫、仆役或下层军人这类阶层的人穿着，而上流社会的人们因受传统习惯的影响，大多不喜欢作这样的装束。裈的的另一种形制短小，俗称“犊鼻裈”。周汛先生等以为犊鼻裈形似今天的三角裤，只用于农夫、仆役等。《史记》就曾记载有西汉著名文学家司马相如穿犊鼻裈劳动的情景。《史记·司马相如列传》载：“相如身自著犊鼻裈，与保庸杂作，涤器于市中。”裴骃集解引韦昭《汉书注》：“犊鼻裈以三尺布作，形如犊鼻。”司马相如身为文人，按理说不该穿着犊鼻裈，那么他又为何穿上了这种裈呢？原来事出有因：卓王孙女儿新寡，司马相如赴卓王孙家宴时，对其女卓文君一见倾心，席间借弹琴向她示爱。可是，卓文君之父卓王孙竭力反对这门亲事，司马相如只好偕文君私奔往今成都。因卓王孙断绝了对女儿的经费供给，司马相如夫妇穷困不堪，无以为生计，只好变卖了车马房产，又回到卓王孙住处附近，开了一家小酒店。文君当垆，自己漆器。司马相如为了使其富贵的丈人出丑，干脆脱去外衣，赤着上身，在大庭广众面前只穿一条犊鼻裈，混杂在一群佣工间洗涤酒器，故意羞辱其丈人的门第。卓王孙闻讯非常尴尬，气不打一处来，只得闭门不出。后经人说和调解，卓王孙才不得不承认这门亲事，并给了文君一大笔钱和僮仆奴婢数百人，事情总算了结。可见，犊鼻裈是劳动人民的穿着。

袴也有两种：一种是合裆袴，又名曰“穷绔”。颜师古注云：“服虔曰：‘穷绔有前后裆，不得交通也。’绔，古袴字也。穷绔即裩裆裤也。”一般而言，合裆袴和襦相配合穿。关于合裆袴，还有着一段故事呢！《汉书·外戚传》记载：“昭帝上官后，霍光外孙。光欲后擅宠有子。帝时体不安，左右及医皆阿意，言宜禁内，虽宫人使令，皆为穷绔，多其带。后宫无进者。”大意是说，昭帝年幼，外戚霍光把外孙女配与皇帝为后，也就是上官后。为了能使上官皇后独得宠幸，生太子，以确立自己把持朝纲的地位，霍光一直暗中活动。正巧，机会来了，某日昭帝偶染小恙，身体不适，他的亲信和太医为了讨好霍光，便说这是房事过度所致。于是命令后宫女子，一律换上有裆的“穷绔”，并且还要“多其带”。虽然这种方法并不十分高明，甚至有点粗俗，但也确实收到了“后宫无进者”的良好效果。真是很难想象，一条裤子，竟然有如此之大的政治功用。

袴的另一种形制是不合裆袴。《说文·系部》：“袴，胫衣也。”《广雅·释亲》王念孙疏证：“凡对文则膝以上为股，膝以下为胫。”由此可知袴仅着于腿部，甚至只着于膝以下的小腿部分。清代宋绵初《释服》卷二说：“绔即今俗名套袴是也。”《释名·释衣服》说：“袴，跨也，两股各跨制也。”正是此意。这种袴的两裥（即裤管）并不缝合，所以在汉简中，袴的单位名“两”，和履、秣相同，而与袍以领计、裙以腰计者不同。在汉画像石中所能看见的男子之袴，多遮掩于上衣之下，故很难了解其具体结构式样。不过，四川宜宾翠屏村 7 号东汉墓石棺上雕刻的百戏中，有作倒立者，此人所穿袴，虽也有上衣，然而由于倒立着，以致上衣翻垂，下体外露，可以看出这种袴的不合裆特点。所以《礼记·曲礼》说：“暑毋褰裳。”《内则》也云：“不涉不撅。”“褰”、“撅”两字义相通，或解作举，或解作开，都是因为袴不合裆而避免揭开长衣。《墨子·公孟篇》说：“是犹裸者谓撅者不恭也。”简直将揭衣与裸体等同视之。

由于不合裆袴多掩于上衣之下，因此，当时人们在日常生活中也可不穿袴。《后汉书·吴良传》注引《东观记》：“良时跪曰：‘……盗贼未尽，人庶困乏，今良曹掾尚无袴。’（王）望曰：‘议曹惰窳，自无袴，宁足为不家给人足邪？’”《北堂书钞》卷一二九引《东观记》：“（黄）香躬亲勤劳，尽心供养，冬无袴、被，而亲极滋味。”此外，《后汉书·廉范传》也说，廉范在成都为官，改革积弊，“百姓为便，乃歌之曰：‘廉叔度，来何暮！不禁火，民安作。平生无襦今五袴。’”成都人以穿袴相夸耀，可见袴在当时还不是绝对必备之物。

裙是秦汉时期长江流域广大地区妇女常穿的“下裳”，尤其是许多少数民族，不仅妇女穿裙，男子也穿裙，且历代不绝。

汉乐府《孔雀东南飞》中主人公刘兰芝是今安徽境内人，她当时穿的就是裙，且是十分漂亮的“绣夹裙”，即绣有花纹图案的里面两层的裙。这种裙不仅款式新颖，而且用料质地和制作工艺也十分讲究。根据诗中描写的情节，刘兰芝穿上这种裙子，腰际纨素的光彩像水波流动一般潋滟生辉，她在房中走着纤纤细步，使人看来美不胜收。

劳动妇女如穿长裙，在劳作时则需要将长裙撩起来，扎在胯间使其短些，以便于操作，称作“缚裙”，这如同穿长袴的男子在劳动时，需要将袴脚提起并束在膝上以便于操作一样，只是后者称为“缚袴”。

当时还有一种形似现在围裙的下裳，名曰袆，又称蔽膝。《方言》：“蔽膝，江淮之间谓之袆，自关东西谓之蔽膝。”钱绎笺疏：“以袆为佩巾，盖亦谓佩之于前，可以蔽膝；蒙之于首，可以覆头。”又《释名》云：“袆，蔽也，所以蔽膝前也，妇人蔽膝亦如之。齐人谓之巨巾，田家妇女出自田野以覆其头，故因以为名也。又曰跪襜，跪时襜襜然张也。”可见这种围裙状的服饰作用还不小呢。

秦汉时期，在长江流域广大地区，冠的形制在前代的基础上，有继承也有变化，其中最主要的冠有：

长冠相传汉高祖刘邦未发迹时，曾戴过此冠，故又谓“刘氏冠”。《史记·高祖本记》：“高祖为亭长，乃以竹皮为冠，令求盗之薛治之，时时冠之，及贵常冠，所谓‘刘氏冠’乃是也。”

法冠也称“柱后”，又称“獬豸冠”，獬豸一角能别曲直，故以其形为冠。原是楚地创制，为楚人所戴。《后汉书·舆服志》：“法冠，一曰柱后，高五寸，以缅为展筩，铁柱卷，执法者服之。”所以汉代将其用于法官，是执法者所戴的一种冠帽。

樊哙冠长 29.7 厘米，高 22.1 厘米，前后各出 13.2 厘米，制似冕。相传鸿门之会，项羽欲杀刘邦，樊哙常执铁楯在侧，

「戴帽、穿曲裾服的男子（陕西咸阳出土彩绘陶俑）」

「戴平巾帻的男子(东汉陶俑)」

事急，樊哙撕衣裳包裹其楯，佯作冠饰，直入羽营，力斥项羽背，使刘邦乘机得以脱身。后来刘邦执政，即照樊哙所包之楯制以为冠，颁赐于殿门卫士，故称之为樊哙冠。

古时候，戴冠是上层男子的特权，下层男子是不能戴冠的，只能戴巾或帻。《释名·释首饰》："二十成人，士冠，庶人巾。"就是说的这种状况。当时还有一种"帩头"，又称绡头、络头、帕头、陌头。《方言》："络头，帕头也。南楚江湖之间曰陌头。"戴帩头本是汉代一般农民或普通人之首服，而一些桀骜不驯的儒生或隐士，常著帩头表示不愿入仕。后来某些仕途失意的官吏也竞相仿效。《三国志·吴书·孙策传》裴松之注引《江表传》："昔南阳张津为交州刺史……常著绛帕头。"

其时，鞋的样式比较多，这里略举几例：

履《急就篇》颜师古注："单底谓之履。"以丝制作者居多，《方言》："丝做者谓之履。"可以制作得很精致，或绣以花纹，或饰以银珠。《孔雀东南飞》中有"足下蹑丝履，头上玳瑁光"的诗句，可见一般平民都穿丝履。

屐是用木制作，下有两木齿，形制与今天日本木屐相似，"可以步泥而浣之"。

𪨗又作𧄼，式样类似于现代的草鞋。《说文·艸部》："蒀，草履也。"《释名·释衣服》：屦，"荆州人曰𪨗，麻、韦、草皆同名也"。

「丝履(湖南长沙马王堆汉墓出土实物)」

在早期的封建社会里，有麻鞋、草鞋穿也算不错了。其实，在一些偏远地区，人们还不知纺织，可以说根本与衣服、鞋帽无缘。据文献记载，当时，崔实任五原太守，见当地人民无衣可穿，几乎是赤身裸体。冬天堆积细草，卧在中间防寒，还和原始社会差不多。卫飒出任荆州刺史，入长沙后，围观的人都是赤脚。卫飒问身边官员，这些人不穿鞋，不觉得痛苦吗？属官回答说，每到隆冬，人们的双脚都要冻裂出血，只有围着火烤；及至春暖时分，双脚都要溃烂流脓。可见贫困到何等地步。

秦汉时期，人们很讲究佩饰，其装饰佩带之盛为前代所未有。这与秦汉时代封建经济的繁荣、各种金属冶炼技术的高度发展、工艺技术的提高有直接关系。

当时特别爱美的年轻女子一般佩带哪些饰物呢？东汉末年诗人繁钦的《定情诗》给我们作了生动描绘。《定情诗》反映的是一个年轻美丽而多情的女子，主动热情地追求一个男子，最终却被遗弃的悲剧故事。诗中在写到男女青年在漫游之中不期而遇，一见钟情后，连用了 11 个问答句，来铺陈他们在热恋中的“拳拳”之忠，“区区”之爱，“殷殷”之情，而这种欢愉之情又是通过互相馈赠具有象征意义的礼品来体现的。这些礼品可作为当时妇女佩饰的典型。诗写道：

我既媚君姿，君亦悦我颜。
何以致拳拳？绾臂双金环。
何以道殷勤？约指一双银。
何以致区区？耳中双明珠。
何以致叩叩？香囊系肘后。
何以致契阔？绕腕双跳脱。
何以结思情？美玉缀罗缨。
……

诗中的美丽女子，臂上戴一双金环，手指上戴两枚银戒指，手腕上戴一对镯子，双耳坠着明珠，肘后系有香囊，腰间佩戴的美玉上垂着丝穗。诗中难免有夸张之处，但从中大致可以看出妇女佩饰的特点。

当时妇女除了喜欢佩带装饰品外，她们平时也喜欢珍藏与佩饰有关的一些物品。东汉诗人秦嘉在《赠妇诗》中说：“何用叙我心，遗思致款诚。

宝钗好耀首，明镜可鉴形。芳香去垢秽，素琴有清声。”根据秦嘉在《重报妻书》中的说明，可知秦嘉在远离妻子时，送给妻子的心爱之物，有：宝镜一面，世所稀有；宝钗一双，价值千金；龙虎组履一緉；好香四种各0.5公斤；素琴一张。这里提到的宝镜，当是秦汉时代妇女装饰的常用之物——铜镜。秦嘉送给徐淑的香料，足有2公斤之多，可知当时妇女用香料以馥身辟邪，习以为常。这种香料多被用来作身边携带的装饰品香囊。马王堆汉墓出土的文物中，就有当时妇女身佩的香囊，如饰花香囊、绣绮香囊、绣罗锦底香囊等。

这一时期，妇女的发式很有特色，就是将头发挽束，使其盘结于头顶，即所谓“发髻”。这种发髻由于挽束的方式不同，产生的效果自然各不一样。

古人给这些样式不一的发髻赋于不同的称呼，如汉代，有迎春髻、飞仙髻、盘桓髻、垂云髻、瑶台髻、堕马髻、同心髻、百合分霄髻，等等。

其中最普遍也最享盛名的，应该是“坠马髻”了。湖北云梦、江陵等地出土的彩绘木俑及湖南长沙马王堆一号墓出土的着衣木俑，都是这种发髻式样。一般都是由正中开缝分开双颞，至颈后集束为一股，挽成髻之后垂于背部，然后从中再抽出一绺头发，朝一侧下垂，恰似刚从马上坠下碰歪了发髻，令人怜爱。正如梁朝诗人徐陵在他的《玉台新咏·序》里所描述的那样：“妆鸣蝉之薄鬓，照坠马之垂鬟。”挽髻可以说成为汉代妇女的时尚。

与秦汉比较稳定的服饰格局大为不同的是，由于魏晋南北朝（公元220—581年）社会的急剧动荡更迭，服饰呈现出变化迅速而无长久定型的状态。正如葛洪《抱朴子·讥惑篇》所感慨的，“丧乱以来，事物屡变。冠履衣服，袖袂才制，日月改易，无复一定。乍长乍短，一广一狭，忽高忽卑，忽粗忽细，所饰无常，以同为快。其好事者，朝夕仿效，所谓京辇贵大眉，远方皆半额也。”有些传统服饰如深衣已基本上湮灭不复。长江流域在这段历史大动荡中，一方面仍顽强地保持自己传统的服饰特征，另一方面也汲取了中原地区以及北方少数民族服饰的某些特点，出现一些新的变化。男子服饰以衫为主，其形制和袍大体相同。动荡不安的人生，转瞬即逝的时光，盛行一时的玄学和清淡之风，使传统礼法的束缚大为松弛。此时男子的袍服，无论尊卑，皆日渐宽博。此外，男子的常服还有袍襦、裤裙。

魏晋南北朝时期，扎巾风气十分流行，成为当时服饰的一道独特风景。

大家熟悉的苏东坡《念奴娇·赤壁怀古》中流传千古的名句有“羽扇纶巾，谈笑间，樯橹灰飞烟灭”。“羽扇纶巾”，有的说是指周瑜，有的说是指诸葛亮，总而言之，是三国时名士的装束。苏东坡借以形容其从容儒雅。渐渐地，扎巾的风习传播开来，它打破了士庶的隔膜，成为时尚的标志。晋傅玄《傅子》中说：“汉末王公，多委王服，以幅巾为雅，是以袁绍、崔钧之徒，虽为将帅，皆著缣巾。”《宋书·礼志》又称：“巾以葛为之……今国子太学生冠之，服单衣以为朝服，执一卷经以代手板。居士野人，皆服巾焉。”缣巾娇贵些，是由细绢制成。而葛巾则是由蔓草茎纤维制布而成，多为平民百姓使用。可以说葛巾布衣是当时平民式的典型装束。三国时蒋干游说周瑜成功，特意在衣着上花费了些功夫，穿的就是葛巾布衣，旨在烘托旧日的情谊。又如江苏南京西善桥南朝墓出土的“竹林七贤与荣启期”砖印壁画，共绘 8 个士人，其中 1 人散发，3 人梳髻，另外 4 人皆扎头巾，无一人戴冠，充分显示了当时的风气。

「袒胸露脯的文人——刘伶(江苏南京西善桥出土南朝砖印壁画)」

当时流行于江南的鞋子是屐与屦。屐，即是装有木齿的鞋子。《释名·释衣服》称：“屐，榰也，为两榰，以践泥也。”榰即屐齿，其地位在屐的底部，通常呈直竖状，前后各一。由于在鞋底安装双齿，走路时就比较稳当，尤其是在雨后的泥泞地或长满青苔的道路上行走，更为轻便舒适。正如王先谦《释名疏正补》所说：“案榰者，柱砥。所以承柱，使不陷入地中。屐以榰足使可践泥。虽雨甚泥泞，不陷入泥中也。”《南史·谢灵运传》

说，谢灵运喜好登山越岭，幽深险峻之山，岩障千重之峰，莫不毕至。他“登蹑常着木屐，上山则去前齿，下山去其后齿”，可见木屐用途之广。正因为屐适用于登山涉水和走泥泞粗砺的道路，所以人们制造它时，一般都是要考虑其坚固耐磨的性能。这种木屐通常由楄、系、齿三个部分组成，楄即底板；底板上施以绳，曰“系”。《南史·虞玩之传》记述：“高帝镇东府，朝廷致敬，玩之为少府，犹蹑履造席。高帝取屐亲视之，讹黑斜锐，莫断以芒接之。问曰：‘卿此屐已几载?’玩之曰：‘初释褐拜征北行佐买之，着已三十年，贫士竟不办易。’高帝咨嗟，因赐以新屐。”说的是虞玩之衣着朴素节俭，一双屐穿了三十年犹不肯换。一双屐能穿三十年，足见此屐之耐用。上面所说的“莫”，即是系，也就是绳带。绳带断了，用芒(即草绳)续之，仍穿在脚上，引起了皇上的怜悯。

说到木屐底板下的双齿，也有一则故事。据南朝宋刘义庆的《世说新语·忿狷》载：“王蓝田性急，尝食鸡子，以筋刺之，不得，便大怒举以掷地。鸡子于地圆转未止，仍下地以屐齿碾之。”这说的是晋朝有个叫王述的人，性子十分急躁。有一次吃鸡蛋时，因筷子戳不破，便扔到地上，而鸡蛋却旋转不止，他见状就提起脚用屐齿去踩。由此可见，在当时，木屐乃是一种常用的鞋子，人们居家旅行着之。

与屐有关的鞋子还有屩。《说文》解释说：“屩，屐也。”其实，二者不完全相同。《释名》讲：“屩，草屐也，出行着之。屩轻便，因以为名也。”联系前引《释名》，我们可以知道，屐与屩，其区别在于可践泥和不可践泥。屩是屐的一种，多以草为之，较轻便，因而又有芒屩之称。因其材料非木，质地次之，故没有屐耐穿，且又不能耐泥水浸泡，所以不如屐贵重。那么，屩也就多为平民百姓或家境贫寒的人穿着了。《晋书·刘谈传》载：“(刘)谈少清远，有标奇，与母任氏寓居京口(今江苏镇江)，家贫，织芒屩以为养，虽草门陋巷，晏如也。”《南史·褚彦回传》也记载：“宋元嘉末，魏军逼瓜步(山名，在江苏六合东南，南北朝时屡为军事争夺要地)，百姓咸负担而立。时父湛之为丹阳尹，使其子弟并著芒屩，于斋前习行。或讥之，湛之曰：‘安不忘危也。’彦回时年十余，甚有惭色。”当时正逢宋魏元嘉大战，褚湛之让子弟穿上轻便的芒屩，以便危急时行走方便。从他让子弟穿芒屩的情景来看，当时贵族是不大穿这种鞋子的。因为芒孱为草编，穿上扎脚，当然不会好受。

在魏晋南北朝这个十分动荡而又急剧变革的时代，广大妇女也显得十分活跃。她们勇敢地投身于社会大变革的洪流，努力谋求个性的解放，大胆追求服饰的标新立异。从另一方面讲，也是由于妇女的生理特点、生活习性及社会分工与男子不同，故其服饰变化也总是最为频繁，内容最为丰富。

这一时期，妇女的服装大约有三次大的变化。第一次出现于三国后期，首次突破了传统的服装模式，创制出了“上长下短”的新款式。《晋书·五行志》云：“孙休后，衣服之制上长下短，又积领五六而裳居一二。”这就是说，如果把这种服式连同衣领共分为五六份，而其下裙长度仅占一二份。因为它突破传统而有所创新，故被晋代的干宝斥之为“上有余而下不足”的“妖服”。至孙皓时，妇人又“为绮靡之饰……并绣文黼黻，转相仿效”。这时妇女着装不仅款式新颖，色彩艳丽，而且还用自己灵巧的双手绣上各种美丽花纹，互相仿效，审美观念发生了由质朴趋于炫华、从自然美转向雕琢美的变化。第二次变化是两晋时期，流行的服式由上长下短变为“上俭下丰”，即上襦短小而下裙加长加宽。到南北朝时，着此装者仍不乏其人，如收藏于南京博物院的南京幕府山出土侍女陶俑，就是典型的“上俭下丰”带交领上襦的服式。第三次变化是南朝宋、齐、梁时，由于士族地主的提倡，大袖裾式的服装盛极一时。南朝诗文中就有不少对妇女身着此种服装的描写，如梁朝吴均《拟古四首·携手》：“长裾藻白日，广袖带芬尘。”又《与柳恽相赠答》诗云：“纤腰曳广袖，半额画长蛾。”不过，此种大袖长裾服式多为礼服，也有部分用作舞服，妇女常服则继续向短衣小袖的方向发展。

「穿袍服、围裳的采桑妇女(甘肃嘉峪关出土砖画)」

魏晋南北朝时，妇女平时最喜爱的服装是身穿裲裆、白练衫、各式长短裙，肩上披以五颜六色的“帔子”。裲裆或为“两当”。《释名·释衣服》称：“裲裆，其一当胸，其一当背也。”即前幅当胸，后幅当背，故名。相似于今天的马夹、坎肩。白练衫即以白绢制作的衬衫之类。1974 年 3 月，江西省博物馆考古队于南昌市东湖区永外正街清理了一座晋代夫妇合葬墓，出土文物中有木方一件，木方内容详细记载了墓主人吴应夫妇棺内的随葬器物清单，其中有“白练複两当一要”、“白练夹两当一要”等名目。可见，吴应夫妇生前都喜爱这些服式。

这一时期妇女裙的款式丰富而多样化，有长裙、短裙、複裙、挟裙等。以衣料的质地而言，有罗裙、束裙、练裙、布裙等。“罗”泛指精细丝织品，其种类之多不难想象。妇女们为了美化自己，各色衣料无所不用，以致朝廷也出面干涉，如南朝周朗曾上书宋孝武帝，建议禁止民间服用“锦绣縠罗，奇色异章”。以颜色图案而论，则有石榴裙、紫罗裙、白练裙、黄罗裙等。梁朝乐府诗中有“风卷葡萄带，日照石榴裙”，“攀枝上树表，牵坏紫罗裙”等诗句，就是当时女子身着花裙的典型例子。不过，能穿上罗裙者大多是生活优裕的上层社会妇女、小家碧玉或歌伎舞女，至于大多数贫苦劳动妇女，就只有布裙穿，所谓“荆钗布裙，足以成礼”，便是当时的实际状况。

「 穿袍服的农民及农妇(甘肃嘉峪关出土砖画) 」

「 穿襦裙、披长帛的妇女(河南洛阳谷水出土唐三彩俑) 」

隋唐五代（公元 581—960 年）是中国服饰习俗急剧变革和丰富发展的时代，呈现出绚丽多姿的面貌。特别是开放性的社会风尚使唐代服饰汲取了较多的胡服成分，并将其化为自己的有机部分。总的来看，这一时期的服饰风俗大致可分为两个阶段，即隋至盛唐和中唐至五代，前一阶段趋向华贵，后一阶段趋向新异。比如妇女服装在隋代有 3 种流行样式：窄衣大袖、长裙高履样式；窄袖衫襦、长裙软鞋样式；窄衣大袖、裥裙软履样式。至盛唐，这些样式变化不大，但因采用了各种印染、装饰和刺绣技术，使服装显得富丽华美。

特别值得指出的是，隋至盛唐之世，中国再次走向了统一，封建经济和文化得到稳定的发展，整个社会呈现出一派欣欣向荣的景象。这为中华服饰文化的发展和各种服饰习俗的流行奠定了基础，也为服饰制度的改革和发展提供了有利的条件，使得这个时期的服饰大放异彩，更富有时代特色。可是，到了晚唐后期，特别是农民战争导致了唐王朝的崩溃，中国社会进入五代十国军阀割据和混战的局面后，北方的经济和文化发展状况与南方相比，存在较大差距，服饰文化也自然逊色。这一时期，在长江流域，由于南方战争较少，所以在南唐、西蜀、吴越等国比较安定，不仅保存了中国传统的封建经济和文化，还在一定程度上得到了发展，尤其在金陵、成都等地，经济文化更加繁荣，这种繁荣也反映在衣冠服饰上。当时，江南、西蜀地区的服饰，就比北方人民的服饰要考究得多，可谓质料精美，款式丰富。宋初的服制，也有不少是吸取了这些地区的服饰形制演变而来的。

五代十国时，当时社会还出现了摧残妇女的缠足恶习，这种病态的畸形“美”饰却也是始于江南，风行于华夏，乃至残害了中国妇女达千年之久。张邦基《墨庄漫录》云：“……李后主宫嫔窅娘，纤细善舞，后主作金莲高六尺，饰以宝物细带，缨络莲中，作品色瑞莲，以帛绕脚，令纤小屈上作新月状，素袜舞中，回旋有凌云之志。”这说的是南唐后主李煜命其宫嫔窅娘缠足起舞。又有一说，因李煜对小周后的恩爱，引起了宫廷中许多嫔妃的关注和仿效。为了得到李后主的临幸，她们或以香艳、或以技艺来吸引李后主。有个名叫窅娘的女子歌舞全才、色颜俏丽，为接近李后主进而得到他的宠幸，竟采用了摧残肉体的办法——用布帛把双脚紧紧缠裹起来，时日一长，一双脚就变成了站立不稳的“三寸金莲”。轻盈的体态，再配上这双小脚，跳起舞来自然别有一番韵致。这一招果然灵验，引起了李后主的高度重视。他令人特制了一个六尺高的莲花台，饰以珠宝，让窅娘在莲花台上翩翩起舞，仿佛凌波仙子，她因此很受李后主的宠爱。想起来这窅娘也实在是很不容易，脚缠得生疼，还要强作欢颜地给君王做出蹁跹舞姿。难怪鲁迅先生曾发出“世上有如此不知肉体上苦痛的女人，以及如此以残酷为乐、丑恶为美的男子，真是奇事怪事”（《热风·四十二》）的感喟。但不管怎么说，这阵风竟然刮了起来，且愈演愈烈，人们争相仿效，“凌波步小月三寸，倾国貌娇花一团”，一时成了众所欣羡的“美人”新标准。“金莲”也便成了妇女小脚的代名词并流传下来，而且不知是谁，非给其加上一个数的概念——“三寸金莲”。男人畸形的审美心态对妇女的感染就是此后一千年的“把脚缠上”。这真可算得上是中国服饰文化史上的一幕悲剧。值得庆幸的是，随着时代的前进，那根又长又臭的“裹脚布”终于被丢进了历史的垃圾堆，缠足，已变成中国服饰文化的耻辱柱。

时至两宋（公元960—1279年），是中国封建社会逐渐趋向衰落的时期，维护封建统治的程朱理学成为这一时期的统治思想。由于受理学思想的影响及规章制度的限制，宋代衣冠服饰总的说来比较拘谨和保守，式样变化不多，色彩也不如以前那样鲜艳，给人以质朴、洁净和自然的感觉。同时，由于两宋社会市民阶层的正式兴起，除了等级森严的冠服制度外，民间服饰文化却获得了长足的发展。民间服饰争奇斗艳、绮丽斑斓，折射出社会结构的错动和封建衰世的世风民情。在张择端绘画的《清明上河图》中，我们可以饱览民间各色人物，如绅士、商贩、农民、胥吏、篙师、缆夫、船工、车夫、僧人、道士等人士形形色色的服装穿着，也可观赏到千姿百态的装饰打扮，像梳髻的、戴幞头的、顶席帽的、裹巾子的，不一而足。

「北宋张择端《清明上河图》局部」

自宋代以后，随着江南地区的逐步开发，南方经济渐渐超过北方，于是全国经济中心移到长江中、下游一带。四川盆地和长江三角洲成了丝绸手工业发达地区，特别是成都府路的麻纺织业比较集中。这些很大程度上为当时的服饰发展提供了良好的基础。

所以，宋代长江流域民间服饰比较丰富且自有定制，这从《梦粱录》的记述中可窥测一二：“且如市农丁商诸行百户衣巾装著，皆有等差，香铺人顶帽披背子，质库掌事裹巾，著皂衫、角带。街市买卖人，各有各色头巾，各可辨认是何名目人。”大致说来，民间服饰以襕袍、背子、短衫为主；平民服饰，为了行动和劳作方便，大多在下摆处开衩。妇女的上衣品类齐全，有襦、袄、背子、背心等；而下衣还是以裙为主，尚绣罗、石榴等裙式。

襕袍也称襕衫，属于袍衫范围。这种袍衫以白细布为质料，下长过膝，在衫下摆的膝盖部位，则加接一幅横裥。士庶百姓用作常服，文武官吏则作为便服。这种类型的服装，在江苏金坛南宋周瑀墓中曾有出土，可见当时习尚。

背子是极普通的服装，男女均可穿着。男子穿的是对襟式，两腋不缝合。它实际上是一种只护胸部及背部的长衣服。

短衫即短衣，是平民百姓的常服。

下层妇女大多穿襦、袄、衫子及半臂背心等形制的衣服。四川大足石刻养鸡妇身上就是着襦。它其实也是一种短袄，男女均可穿，只是妇女襦常绣上各种花色。但平民着襦不能用大紫、大红、大绿，可穿浅色、蓝色等。一些贵妇虽然也穿这种衣服，但大多作为内衣，穿着时外面再加上其他服装。

「穿背子的妇女(河南禹县白沙宋墓出土壁画)」

夏天一般多穿衫，女衫大多以轻薄的材料做成，颜色以素淡为主。宋人诗文中有“薄罗衫子薄罗裙”、“轻衫罩体香罗碧”等句，咏的都是这类服饰。

袄服装形制与襦相似，唯衣身较襦为长。

裙为妇女不可缺少的服装。由于宋代在时间上离唐不远，所以还保留着晚唐五代的不少遗制。裙子的宽度多在六幅以上，周身施以细裥，俗谓多褶裙或百褶裙。从出土的实物等形象资料来看，裙子的样式一般比较修

「江西德安出土的南宋时期印金罗襟边折枝花纹罗夹旋袄」

长，穿着时在腰间扎以绸带，带上有时还垂有绶环。这时期石榴裙比较流行，其名取其颜色似石榴花，张先《浣溪沙》云："轻履来时不破尘，石榴花映石榴裙。"

除裙子外，妇女下身也可穿裤，穿在袍裙内的裤子，一般多用开裆，以便私溺；直接穿在外面的裤子，则用合裆（或称满裆）。

因袭前代缠足妆饰陋习，宋时，缠足风气仍然十分流行，尤以南宋以后为盛。这个时期的妇女图像，作弓足者比比皆是。如宋人《搜山图》中的妇女，双足无不纤小，有的还带有明显的弯势。南宋妇女的弓鞋实物，在长江流域的墓葬中也有发现，如在浙江兰溪密山南麓宋潘慈明妻高氏墓中就出土了弓鞋实物。值得一提的是，在浙江衢州南宋墓还出土一双银制弓鞋：鞋面及鞋底均以银片焊接而成，鞋头高翘，鞋底尖锐，全长 14 厘米，宽 4.5 厘米，高 6.7 厘米。这双鞋子虽属随葬冥器，但整个造型和装饰与真鞋相似。在鞋底部分还錾刻线纹及双钩"罗双双"三字。从墓志记述来看，墓主史绳祖是一名儒家学者，生于绍熙二年（公元 1192 年），卒于咸淳十年（公元 1274 年）。使人疑惑的是该墓为史绳祖与其妻杨氏的合葬之墓，怎么会出现一双刻有"罗双双"字样的小脚银鞋呢？经查杨氏墓志得知，原来杨氏是史绳祖的继室，史的前妻正是罗氏。由此看来，刻有罗氏名字的银鞋出现在史杨合葬墓中，便不足为奇了。将原配夫人之名刻在小脚鞋上为陪葬品，既反映了死者对前妻的怀念，也反映出当时男子对妇女小脚的崇尚。

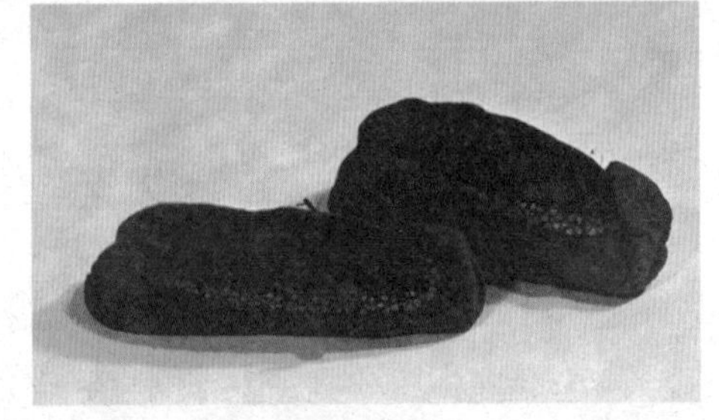
「翘头弓鞋(福州南宋黄昇墓出土实物）」

宋代的帽子种类式样极多，比较流行的有幞头与乌纱帽。唐代的幞头发展到宋代，已成为男子的主要首服，南方北方皆如是。

据《东京梦华录》、《梦粱录》等书记载，在当时的不少街坊，都有现成的幞头出售，有些摊贩还专以修理幞头为业。幞头的制作也愈来愈复杂，开始的时候，只是以藤草为胎，纱罗为表，外涂以漆。后因这种漆纱的帽胎已非常坚固，遂不用胎里，名曰“漆纱幞头”。宋朝幞头与隋唐幞头相比，还有一些不同的特点：隋唐的幞头一般都用黑色纱罗制成，而宋代的幞头却不限于黑色，尤其在喜庆宴会等隆重场合也可戴上颜色鲜艳的幞头。有的还在幞头上簪以金银、罗绢等制成的花朵。也有用金色丝线在幞头上盘制成各种花样，名叫“生色销金花样幞头”。居官的一般要戴幞头，地位低下者戴的幞头形制有所区别。在南宋都城临安（今杭州市）等地，还流行着这样一种风俗：即男女成亲，在结婚前三日，女家照例要向男家送去“罗花幞头”，以答谢男方的聘送之礼。

宋代帽子中最低廉的可能就是乌纱帽了。这种帽子人人都买得起，不值几个钱。南宋洪迈《夷坚志》里记述了这样一则故事：江东有三个秀才在京师求学，晚间不向学官请假就外出了，结果有一人失踪了，另二位也不敢寻找，隔了一天，才向学官报告此事。官差们分析，失踪者可能在妓院，于是问明失踪人的装束和特征，便分头到妓女房中住宿，查勘线索。有位官差五更时被外出接客的妓女惊醒，等他再一次睡下时，忽然看见床里小板上有顶乌纱帽，拿过来一看，里面绣着失踪人的名字。他赶紧起身，招呼其他官差，等妓女回来，连老鸨一齐捕送官府，很快便查出凶犯。据凶犯供认，曾有一个秀才独来妓院，衣着华丽，又无同伴相随，遂用酒灌醉杀害，剥下衣饰变卖了，只剩下这顶乌纱帽。一桩失踪案就这样破获了。这件事说明两点：一是乌纱帽不值钱，没有变卖价值；二是乌纱帽太普遍，样式、颜色大体相同，为了怕拿错，所以绣上自己的姓名。

值得指出的是，宋室南渡以后，士大夫的服饰妆扮发生了一些变化。这种变化一方面体现了士大夫阶层高尚的民族气节，从另一方面来看，也在一定程度上丰富了南方服饰文化的内涵。

北方中原被金人占领后，一部分人迁往南方，他们怀念故土，生活上尽量沿袭故都的习俗。此时，宋徽宗、钦宗被金人掳去，生死未卜，使举国臣民受到莫大的侮辱和极大的刺激，稍有廉耻心的士大夫都不再讲究衣冠体面，普遍穿着军中作战的戎服——紫衫，以此表达抗金的决心。《宋史·舆服五》卷一百五十三谓："本军校服，中兴，士大夫服之，以便戎事。"紫衫以颜色深紫而得名，其式样为圆领、窄袖，前后缺胯（下摆开衩），形制短且窄，便于活动和行走。原本是将士们常穿之服，便于作战。南宋初期，宋金对峙，南宋士大夫身穿紫衫，是备战的需要。

可是，身为至尊的宋高宗，却不思替父报仇，为国雪耻，而是企图苟安江南，贪享帝王的荣华富贵。为了制造安定假象，提高君权，他下令公卿、官员恢复过去的冠带，禁止着紫衫，这理所当然地遭到抵制。绍兴二十六年（公元1156年），他又一次颁令，严禁士大夫穿紫衫见老百姓。士大夫们无可奈何，只得放弃紫衫。但时隔不久，他们又纷纷穿起了白色的"凉衫"，《宋史·舆服五》记载："其制如紫衫，亦曰白衫。"这时，礼部侍郎王日严上书高宗说："窃见近日士大夫皆服凉衫，甚非美观。而以交际、居官、临民，纯素可憎，有似凶服……宜有便衣，仍存紫衫，未害大体。"这位官员的意思是，士大夫穿的白色凉衫，非但不美观，而且看上去像穿孝服，与其这样，还不如允许他们穿紫衫。士大夫们这种做法，实际上是对二帝被害、国家遭辱寄托的哀愤，也是对投降派的抗议。宋高宗大概也看出了民心之所向，民意不可侮，不得已作出让步，在禁止穿白衫的同时，允许穿紫衫。从此以后，凉衫用为凶服，而紫衫又流行起来。

当时士大夫还兴起一股穿"野服"之风，意在表示不愿与朝廷投降势力同流合污。所谓"野服"，形制类似古代的深衣。

本来，汉代以后到唐、五代，深衣已无人穿着，只是在帝王祭祀用的衮服中，还保存了某些深衣的形式。北宋司马光曾考证古代深衣，做出来闲时穿，被文人传为美谈，终究无人仿效。南宋时期，这种样式的衣服突然时兴，大儒朱熹就常穿它见客。他做的野服上衣宽大，直衣领，两边的带相连，腰间束着大宽带，闲居时解开，见客时束起。野服的下裳必须用黄色，取"黄裳"之意，因为先秦时代野人穿的草服就叫"黄裳"。士大夫们身着野服，意在以野为伴，不理朝政，表现出他们对朝廷的失望和蔑视。正是在这种民族气节蔚然成风的基础上，出现了千古留名的民族英雄岳飞、文天祥等，流传至今。

元灭南宋之后，种族等级森严，国人被分为四等：蒙古人、色目人、汉人、南人。许多部门及地方官由蒙古贵族充任，各种副职由色目人担当。由于种族有高低、贵贱之分，自然会在服饰上有所反映。蒙古贵族衣着华丽，色目人次之，汉人又次之，南人（即南宋遗民）则大多衣着褴褛。

元代统治者的种族歧视政策反映在服饰上，使一些杂居区的汉人服饰，不同程度地受到他族的影响，但汉族士庶与平民服饰基本上继承了唐宋以来的遗风，尤其是南人服饰，基本上没有受北方蒙古人统治而改变，所以，在元代，长江流域的民间服饰与南宋时期相比，没有大的改观，自然也谈不上有多大的发展了。这与整个中华服饰文化在元代处于一个贫弱期相差无几。

说到元代长江流域的服饰文化，值得一提的是曾为中国纺织业的发展作过重要贡献的元代女纺织家黄道婆。

黄道婆是松江府乌泥泾镇（今上海辖区华泾镇）人，出身贫苦，少年受封建家庭压迫，流落到海南，向黎族姐妹学得纺织技术。公元1295年左右回到家乡，着手改革纺织生产技术和纺织工具，传授先进的棉纺技术，促使松江一带棉纺织业繁荣和发展，对当时植棉和纺织业起到了极大推动作用，使当地成为江南棉纺中心，这在一定程度上丰富了元代长江流域服饰文化的内容。因为棉布有易纺织、耐磨损、印染缝制简便快捷等特点，因而逐渐成为民间服装的主要面料。直至今天，黄道婆的故事在民间仍广为流传。

自宋朝以后，政权长期掌握在北方少数民族手中，明朝（公元1368—1644年）从蒙古人手中夺得政权，对整顿和恢复传统的汉族礼仪十分重视。他们废弃了元朝服制，根据汉族的传统习俗，上采周汉，下取唐宋，集历代华夏服饰之大成，崇古而不泥古，

「对襟绸上衣(江苏无锡元墓出土实物)」

特别是后期，更长于创新流变。因此，明朝的服饰形制之繁杂，纹彩之斑斓，质料之多样，裁制之精巧都超过了以往各代。尤其是江南地区，由于经济文化的高度繁荣，得风气之先，故成为民间服饰风尚变易的发源地。

一般来说，历代男子服饰比之女子服饰要简练平实得多，但在明代这种差异明显缩小，男服的变幻和流行周期与女服相去无多。尤其是巾帽形制的繁盛，足以同时髦多变的女裙相媲美。明代史籍中留下正式名称的男子巾帽就不下 40 种，其中绝大部分在南方都颇为流行。比如南京在万历时期，士人所戴巾子，“殊形诡制，日新月异”，士大夫所戴的冠巾款式有汉巾、晋巾、唐巾、诸葛巾、纯阳巾、东坡巾、阳明巾、九华巾、逍遥巾等多种。甚至还有用马尾织成巾的，这种马尾巾则又有单纱、双丝的区别。因此，时人感叹道：“首服之侈汰至今日极矣。”

明代，民间使用最为广泛的是网巾、四方平定巾和六合一统帽。

网巾是一种系束发髻的网罩。古代男子与妇女一样，也梳发髻，为了不使发髻散垂，明代男子特制网巾包裹发髻。这种网巾通常以黑色的丝绳、马尾或棕丝编织而成，也有用绢布做成的。平常家居可以露在外面，外出时却必须戴上帽子，否则被认为失礼。这种网巾为明代首创，产生在洪武初年，它的出现，传说与明太祖朱元璋有关。据朗瑛《七修类稿》记载：“太祖一日微行，至神乐观，有道士灯下结网巾。问曰：‘此何物也?’对曰：‘网巾，用以裹头，则万发俱齐。’明日有旨，召道士为道官，取巾十三顶，颁于天下，使人无贵贱皆裹之也。”网巾的造型比现在中青年妇女、老太太戴的发网略复杂些，它如同鱼网，网口用布帛作边，俗谓“边子”。边子旁缀有金属制成的小圈，圈内贯以绳带，绳带收紧，即可约发。在网巾的上口，也开圆孔，并缀以绳带，使用时将发髻穿过圆孔，用绳带系，名曰“一统山河”。天启年间，形制变异，一般多省去上口绳带，只束下口，名曰“懒收网”。

四方平定巾是以黑色纱罗制成，可以折叠，呈倒梯形造型，展开时四角皆方，也称“方巾”，或称“四角方巾”。它的出现也在明太祖时，相传是朱元璋召见杨维桢后定的。杨维桢号铁崖，是元末著名诗人，浙江山阴人，所写的诗被称为“铁崖体”，在文人中声望很高。朱元璋几次要他出来做官，他都不肯。有一次朱元璋派人召他到南京，他进谒时戴的是方顶大巾，巾式大概是他自创的，太祖问他的巾式有什么讲究，是何名称，他奏对说叫“四方平定巾”。这个回答使太祖大为高兴。其实当时四方远没有平定，杨维桢只是一种阿谀之词。因这种巾帽的名字很吉利，朱元璋立即颁令士庶一律戴这种巾式。创制“四方平定巾”的这位杨铁崖老先生却因年纪太大始终未做官，在南京住了些时日，便又回老家去了。学士宋濂在赠别诗中说他：“不受帝王五色诏，白衣宣至白衣还。”白衣是平民百姓的意思，这是说杨维桢为人处世不慕仕途。四方平定巾初兴时，高矮大小适中，其后总在变化，“或高或低，或方或扁，或仿晋唐，或从时制”，到明末则变得十分高大，故民间常用“头顶一个书橱”来形容其高大式样。

六合一统帽即俗称的瓜皮帽，也称“小帽”、“圆帽”，或称“瓜拉冠”。其制以罗缎、马尾或人发为之，裁为六瓣，缝合一体，下缀一道帽沿，以“六合一统”为名，取意国家安定和睦，六方统一大治，寓意为天下归一。因它在政治上有一定的象征意义，新的封建王朝取其吉兆，故也是由政府规定式样、令全国通行的一种帽式。此帽通常用于市民百姓，而官吏家居时也常戴之。传说六合一统帽同样是出现在明太祖时。明陆深《豫章漫钞》记述：“今人所戴小帽，以六瓣合缝，下缀以檐如筒，阎宪副闳谓予言，亦太祖所制，若曰六合一统云尔。”后来清人谈迁在《枣林杂俎》中也说：“清时小帽，俗称‘瓜皮帽’，不知其由来已久矣。瓜皮帽或即六合巾，明太祖所制，在四方平定巾之前。”

明初，统治者对冠服之制的规定是十分严格的，如对于庶民男子的日常服饰，洪武年间（公元1368—1398年）曾规定：“戴四方平定巾，杂色盘领衣……”盘领衣即圆领长袍，因其领形似盘，故名盘领衣。当时北方人穿用一种十分简便粗糙的“皮扎丝”，而江南则流行穿薄草编的鞋子。尽管有硬性的行政命令规定，但千篇一律的穿戴方式

「大袖袍(江苏镇江明墓出土实物)」

「襦(出土实物,原件藏江苏镇江博物馆)」

必然不能维持长久，至洪武末年，民间服饰已悄悄地“巧制样”。

妇女的服饰主要有衫、袄、霞帔、背子、比甲、裙子等，其基本式样大多仿自唐宋。变化最快、花样翻新的当数妇女的裙子。总的来讲，明代的女裙异彩纷呈：从质料上分有绫裙、绵裙、罗裙、绢裙、绸裙、丝裙、纱裙、布裙、麻裙、葛裙等；从工艺上分有画裙、插绣裙、堆纱裙、蹙金裙、细褶裙、合欢裙、凤尾裙等；从色泽上分有茜裙、郁金裙、绿裙、桃裙、紫裙、间色裙、月华裙、青裙、蓝裙、青白裙等。这些裙装在当时的长江流域都曾时兴过。

有关资料表明，当时的妇女非常注重裙子的长短宽窄及其与上衣的搭配，追求时尚，讲究美观，其千变万化令人目不暇接：弘治年间（公元1488—1505年）流行上短下长，衣衫仅掩裙腰，富者用罗锻纱绢，两袖布满金绣，裙则用金彩膝镧，长垂至足；正德年间（公元1506—1521年），上衣渐大，裙褶渐多；嘉靖初（公元1522—1566年）衣衫已长至膝下，离地仅16.5厘米，袖阔却达132厘米，仅露裙少许；同时还流行插绣、堆纱和画裙；万历年间（公元1573—1620年）又流行大红地绣绿花裙；至崇祯时（公元1628—1644年），裙色转而趋向淡雅，专用素白纱绡裁制，只在下摆3~6厘米寸处刺绣精致花边作压脚，崇祯末年又流行细褶长裙，追求一种动如水纹的韵致。明人顾起元曾经在《客座赘语》中这样描述南京妇女的装扮：“留都妇女衣饰，在三十年前犹十年一变。迩年以来，不及二三岁，而首髻大小高低，衣袂之宽狭修短，花钿之样式，渲染之颜色，鬓发之饰，履綦之工，无不变易。”这说明当时江南城镇妇女衣饰的流行周期是很短的，乃至两三年一变。这种现象在以因循守旧为基本特征的封建社会里是极为罕见的。上述变化，充分

「裙(出土实物,原件藏江苏镇江博物馆)」

说明了明代民间服饰的生命力之旺盛，流变性之突出。

当时妇女的头饰，虽不及宋代丰富多彩，但也有不少特色。比如发式，虽然明初变化不大，基本上还是宋元时的样式，但至嘉靖以后，变化较大。多数妇女喜欢将头髻梳高，以金银丝挽结，远远望去，如男子头戴纱帽且顶上有珠翠装点者。以后名目越来越多，样式也从扁圆趋于圆，“桃尖顶髻”、“鹅胆心髻”等名称纷纷出现。

当时妇女也有包头之俗。所谓包头，其实就是扎巾。清初文人叶梦珠在《阅世编》一书中记述：“今世所称包头，意即古之缠头也。古或以锦为之。前朝（即明朝）冬用乌绫、夏用乌纱，每幅约阔二寸，长倍之。予幼所见，皆以全幅斜褶阔三寸许，裹于额上，即垂后，两杪向前，作方结，未尝施裁剪也。”当时的文学作品中也常有这方面的描述。如冯梦龙的《醒世恒言》第十六卷就有：“可怜寿儿从不曾出门，今日事在无奈，只得包头齐眉兜了，锁上大门，随众人望杭州来。”凌濛初《二刻拍案惊奇》第二十五卷中也有“吏典悄地去唤一娼妇打扮了良家，包头素衣……带上堂来”的描写。

年轻的妇女还有戴头箍的风尚。头箍系由包头发展演变而来，最初以棕丝为之，结成网状，罩住头发。后来又逐渐出现纱头箍和熟罗头箍。头箍的形式，初期尚阔，后又行窄，即使在盛暑季节，仍有人戴它。这说明它的作用已不限于束发，也有很浓厚的装饰意味。据有关文献记述，头箍裹额的额帕冬季为乌绫，以为御寒；夏季则改为用较薄的乌纱，每幅阔二三寸，长四至六寸；后改用全幅，斜折至阔三寸，由前向后，裹于额上，至后再两杪向前，方结。至明末，额帕多用二幅，每幅方尺许，斜折阔寸余，一幅施于内，另一幅覆于外，又作方结加于外幅的正面。如此日日戴上卸下，显得有点麻烦，因此，妇女们便根据自己的发额头围的大小剪裁，夹衬较厚的锦帛，一般用乌绒、乌绫、乌纱等

「儒巾(江苏扬州出土实物)」

制作的头箍，又称为“乌兜”。使用时，一戴即可，一取即脱，极为便捷。明人沈石田诗中所描述的“雨落儿童拖草履，晴干嫂子戴乌兜”，即指此物。富贵权豪势要之家的妇女在戴头箍和乌兜时，常点缀金玉珠宝作为装饰。冬季所用者除上述质料外，更多则采用兽皮，考究者用貂鼠、水獭，俗称“貂覆额”，或称“卧兔儿”。清人李斗在《扬州画舫录》中就记有这方面的情况。

明代妇女也有作假髻的习俗，有两种形制：一种是在本身的头发上掺以部分假发，并衬以特制的发托，以抬高发髻的高度；另一种假髻则全部用假发制成。比如前一种假髻大多摹仿古制装饰，所以玉丹邱在《建业风俗记》中说，它就是《周礼》所称的“编”。它一般用铁丝织圜，外编上发，做成一种固定的装饰物，时称为“鼓”。明张自烈的《正字通》在诠释古代巾帼时，谓“妇人首饰犹今之发鼓”，指的即是此物。顾起元《客座赘语》也说道：“留都妇女之饰在首者……以铁丝织为圜，外编以发，高视髻之半，罩于髻而以簪绾之，名曰鼓。”这种发鼓实物，在江苏无锡的一座明墓中曾经出土过。

明代的丝织业取得了引人瞩目的成就，依质料而言，仅从大处分就有丝、绫、绸、缎、绢、绵等十数类，其中每一类又再分为若干种。而发展最快、成就最大的地区也都集中在长江流域。以绸为例：苏州府有线绸、绵绸、丝绸、杜织绸、绫机绸、濮绸；建昌府有笼绸、假绸；湖州府有水绸、纺丝绸等。发达的丝织业无疑给服饰文化注入了新的活力。特别是棉花种植在明朝已十分普通，于是，名目繁多的丝织品加上迅速普及的棉布，更使得服装原料空前丰富。与此同时，印染、刺绣、提花、缂丝、堆纱、镶嵌等服装工艺大大提高，又由于“花楼机”的改进和推广，人们能够在各种面料上织出变幻无穷的图案花纹，从而设计制作出无数美不胜收的服饰佳作。正是在以上这种丰厚的物质基础和技术前提下，明代长江流域民间服饰才呈现出千姿百态、争奇斗艳的景象。

「圆领大袖衫(江苏扬州出土实物)」

明代手工业的发展为新的经济因素的

产生提供了生长点。嘉靖以后，正是在江南的纺织业中最先出现了资本主义生产关系的萌芽，人们开始摆脱了两千年来的封建经济，卷入了商品交换和新的生产关系中。这种崭新的变化改变了人们固步自封的生活方式，眼界逐渐开阔，消费欲望也变得多种多样，表现在着装上则对款、色、纹、料的要求越来越高，穿戴越来越丰富，越来越讲究，就连当时人们穿的鞋也变化多端。以前仅有"素履"、"云履"，此时则"有方头短脸球鞋、罗汉鞋、僧鞋，其跟益务为浅薄，至施曳而后成步，其色则红紫黄绿无所不有"（顾起元《客座赘语》卷一）。特别是妇女的服饰，万历以来变化更大："首髻之大小高低，衣袂之宽狭修短，花钿之样式，演染之颜色，鬓发之饰，履綦之工，无不易变。"（顾起元《客座赘语》卷九）虽然只是对南京一地的描述，但这种衣冠服饰上的追求华丽之风，当时又绝非南京一地，在长江流域的其他广大地区也方兴未艾。据范濂《云间据目抄》记载："上海生员，冬必服绒道袍，暑必用骔巾绿伞，虽贫如思丹，亦不能免"；松江则"迩年鄙为寒酸贫者必用绸绢色衣，谓之薄华丽，而恶少且从典肆中觅旧服翻改新制，与豪华公子列座"，甚至奴隶也"争尚华丽"，"女装皆踵娼妓"，"士宦亦喜奴辈穿着"。又有张瀚《松窗梦语》称：浙江则是"男子服锦绮，女子饰金珠，是皆僭无涯"；四川妇女簪花满头，"稍著鲜丽。丑嫫出汲，赤脚泥涂，而头上花不减"。明末的江南城镇，男着女装的风气盛行，在《见闻杂记》中录有当时人的一首诗："昨日到城市，归来泪满襟。遍身女衣者，尽是读书人。"这真是使得道学家们惊心骇目。男性尚且如此打扮，女子更是肆无忌惮，极尽华丽装束之能事。那些小康人家的闺秀、大户人家的婢女都以争穿朝廷明令禁止过的大红丝绣为时髦，就连一些身份低微的优伶、娼妓，也都是绫罗裹身，珠翠满头，与贵妇人争娇竞媚。至于富豪缙绅的衣着，更是花样不断翻新，可说是层出不穷地争奇斗艳。即便在农村，也不乏倾囊追逐时髦的素寒之家，亦如顾起元所言："家才儋石，已贸绮罗，积未锱铢，先营珠翠。"（《客座赘语》卷二）总之，上述种种迹象表明，人们已不顾及统治者意在严格区分贵贱和等级的那一套服饰制度的明文规定，而是意尚奢华，使得尊卑无等，贵贱不分，各取所好。它从一个侧面反映了明代后期"天崩地坼"的大转变时期的社会生活情况，折射出封建末世黎庶百姓的世俗心态。同时，它也说明，伴随着商品经济的不断发展、社会的向前推进，热爱美、追求美且要用美来充实生活的内容，已成为明代社会各阶层共同的追求目标，这又从一个侧面透露出社会向前发展的曙光。

公元 1644 年，原居我国东北的满族进入关内，占领北京，建立了清王朝（公元1644—1911 年）。从服饰发展的历史看，清代对传统服饰的变革最大；从服饰的形制来讲，又是以庞杂、繁缛、琐细为特征，且冠服制度的条文规章也多于以前任何一代。在清廷强迫军民人等一律改着满族服装的时代，长江流域民间服饰情况如何呢？

首先还得从下剃发令说起。清顺治于公元 1644 年在北京称帝，本想立即改变国民束发旧制，但因抵抗者势力太大，加上政权统治立足未稳，因而暂缓强迫国民效法满俗。第二年，情况发生了变化：清朝统治者打下了南京，俘获了明朝宗室福王，控制了南方各省，于是，就如《满清稗史》中记载的："越一年，南方大定，乃下薙发之令，其略曰：'向来剃发之令不急，姑听自便者，欲俟天下大定，始行此事，朕已筹之熟矣……自今布告之后，京城限旬日，直隶各省地方自部文到日亦限旬日，尽行剃发，若规避惜发，巧辞争辩，决不轻贷。'闻是时檄下各县，有留头不流发、流发不留头之语，令薙发匠负担游行于市，见蓄执而剃之，稍一抵抗，即杀而悬其头于担之竿上，以示众。"薙发便是剃头。众所周知，汉族男子自古是蓄发绾髻的，据说此俗源于孔子"身体发肤，受之父母，不敢毁伤"之训，除非当和尚尼姑，遁入空门，否则不得削发。而满人的风俗，是男子之发"半薙半留"，即于额前两端引一直线，将此线前之头发尽数剃去，只留颅后头发编成辫子。多尔衮为了使汉人与满俗一致，竟推行十分严酷的薙发令，把它作为彻底征服汉人的唯一标志，若不削发者，军法从事，不知有多少汉人为了保持衣冠传统丢了性命。据说顺治年间（公元 1644—1661 年），常熟有两个读书人，忘了更换满族衣冠而上街看巡按行香，结果被当场杖毙，暴尸于市。

清王朝统治者的强行命令，违反了民俗发展的自然规律，当然会引起民众的强烈不满和顽强抵制，当时民间流传"留发不留人，留棺不留屋"之语，也曾发生过抵抗剃发令的海州之战、镇江大屠杀、江阴虐杀、嘉定屠城等事件。然而，在清廷的强权高压之下，平民百姓终究无可奈何，一时间，大江南北汉民族地区的男子皆剃发留辫。

相对而言，女子要幸运些，这便是清王朝后来又出了个“十不从”规范条文，以缓解一下日益尖锐的民族矛盾，其中有“男从女不从”之规范。这样一来，女子的头饰就显得丰富些。

清朝女子头饰以江南特别是苏州地区为尚。清初流行“牡丹头”、“钵盂头”、“荷花头”。这是受满族妇女装饰风俗的影响，汉族妇女也争相崇尚高髻。

牡丹头也称牡丹髻，因吴地方言，习惯把髻称之为“头”。牡丹头是一种蓬松的发髻，发髻在头顶正中，其编梳方法是将头发掠至顶部，用一根丝带或发箍将其扎紧，然后将头发分成数股，每股单独上卷，卷到顶心，再用发簪绾住。头发稀少的妇女，还可适当掺一点假发，以扩大发髻的面积。这种发髻梳成之后，犹如一朵盛开的牡丹，每一股弯曲的卷发，就像牡丹花的花瓣，极富装饰情趣。

钵盂头也叫覆盂头。梳挽时将头发掠至头顶，盘成一个圆髻，然后在发根用丝带系扎，因其外型与覆盂相似，故有此名称。《阅世编》记载：“顺治初……高卷之发，变而圆如覆盂。”

荷花头的形制恰似牡丹头，大同小异，特点是发髻梳成后，花瓣的形状犹如一朵荷花。此外还有芙蓉头等。

清中叶又时兴“元宝头”，梳挽时将发盘旋叠压，然后翘起前后两股，中间则加插簪钗，髻旁插以鲜花或珠花，这是年轻姑娘的发式。后来又改成平型，将发盘为三股，抛于髻心之外，俗称“平头”。因其发型新奇，北方女子也竞相仿效，名曰“平三套”，因取式于苏州，亦称之为“苏州撅”。刚开始时多为少妇适用，尔后老年妇女也学着妆梳。清人《竹枝词》中就有戏语，曰：“跑行老媪亦‘平头’，短布衫儿一片油。长髻下垂遮脊背，也将新鲜学苏州。”

清末又有连环髻、巴巴头、双盘髻、圆髻、圆月、长寿、风凉、麻花、双飞蝴蝶等多种髻式，年长者还要在髻上加罩一个硬纸和绸缎做的黑色冠，绣以团寿字，或以马鬃一类做成纂，加在发髻上面。光绪年间（公元

1875—1908年）妇女以圆髻团结于脑后，或加细线网结，髻以光洁为尚；年轻姑娘做“蚌珠头”，小女孩做“双丫髻”。

清代男子所戴的帽子有小帽、风帽、皮帽，尤以小帽最为流行。小帽的形制以六瓣合缝，缀檐如筒，因其形状与西瓜酷似，故俗称“西瓜皮帽”。这种小帽曾在明代出现，当时称“六合一统帽”。小帽的质料是夏秋用纱，春冬用缎；颜色以黑为主，夹里为红色。富贵之家尚用红片金或石青锦缎镶滚帽沿，如杨静亭《竹枝词》所云：“瓜皮小帽趁时新，金锦镶边窄又均。”清代男子衣着样式主要有马褂、马甲、长袍、长衫、衬衫、短衫、袄、裤、套裤等，其中尤以衫袍外加穿马褂或罩以紧身较短马甲最为流行，亦最能反映当时男子的服饰特色。马褂有长袖、短袖、宽袖之别，还有对襟、大襟、琵琶襟等不同，而以对襟最为流行。其颜色屡有变化，清初流行天青色，至乾隆中流行玫瑰紫，嘉庆以后又改为流行泥金色及浅灰色，夏季纱制的则用棕色。马甲也叫背心，北方称其为“坎肩”。不分男女，皆可穿着。马甲在形制上有大襟、对襟、琵琶襟等多种。一般人的马甲用色与马褂相同，苏州地区尚黑，其用料为绸、纱、缎。长袍、长衫在清初比较流行，顺治末年减短及膝，后又加长至踝上，同治年间较为宽大，至清末又变短小。当时女子流行穿背心，背心有夹、棉、皮三种，其长达膝下，有镶滚。苏州女子最爱用玄色绉纱做背心面料，普通妇女在嫁娶大吉之日也可穿用凤冠霞帔。

「低领阔镶边或低领镶边长袄(传世实物)」

在中国历史上，全国范围内曾发生过大小数百次农民起义，其次数之多，规模之大，为世界历史所罕见。进入近代，从公元1840年至公元1851年十余年时间内，全国就发生过100多次农民起义，其中，公元1851年1月洪秀全在广西桂平金田村发动太平军起义，起义军建号太平天国，更是震动了全中国。

「绣金银长裤(传世实物 」

太平天国革命坚持斗争14年之久，革命风暴席卷当时18个省份，不仅从政治上极大地动摇了清朝的反动统治，沉重打击了外国侵略者，表现了中国人不甘屈服于帝国主义及其走狗的顽强的反抗精神，而且对太平天国政权统治区域内(主要是长江流域中下游地区)人们的社会生活也带来了较大影响。

就服饰而言，太平天国的领导者们曾经与他们进行的伟大斗争一样实施过某种意义上的划时代创举。这种“创举”不仅表现在太平军官兵自身服装打扮的变化上，而且还表现在对政权所辖区域内人们的服饰习俗加以变革，尽管这种“变革”不一定被人们普遍接受，有时甚至遇到抵制，但其中的积极意义却不可忽视。

「号衣图(根据《贼情汇纂》插图复原绘制)」

当初，在穷乡僻壤的两广地区起家的太平军官兵及其家属们，在服饰装束上还是处于一种很随便的无定制状态，大多仍然穿着“破衫褴褛、衣不遮体”的本色服装。随着太平军攻克长沙，占领武昌，挺进南京，斗争取得节节胜利之时，军心、民心趋向安定，太平天国的领导者们也开始对军中不同地位的人在服饰方面作出了相应的规定。特别是定都天京（今南京）以后，还设立了专职机构“典衣衙”，一改清王朝的衣冠服制，从袍服、靴帽的质料、颜色、花纹、式样乃至尺寸长短，根据太平军中官职的大小定出不同的标准。不过，太平天国的服饰规定虽然否定了清王朝的服装形式，但却承袭了封建的服制观念，表现了太平天国队伍中愈来愈森严的等级分化。根据《中国近代史资料

「团花马褂展示图(根据《荡平发逆图记》插图复原绘制)」

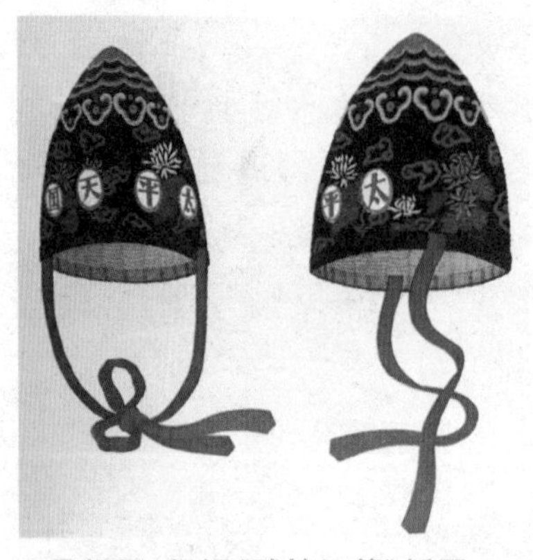

「号帽图（根据《贼情汇纂》插图复原绘制）」

丛刊·太平天国》所载，太平天国的服装形式有号帽、军中号衣、各衙号衣、角帽、帽额、风帽、凉帽、龙袍、团龙马褂、马褂衔等。在湖北省博物馆，收藏有一件太平天国东王杨秀清曾穿过的三色金平绣龙袍，其形制为右衽、大襟、平袖、左右开裾，袍正身绣金龙8条，周围为云纹，下幅绣寿山福海纹，底襟绣龙纹两条，空出锻地。根据规定，凡被封为王、侯、国亲、丞相者，均可穿绣着金龙的缎料黄袍马褂，戴着向后垂下的黄色神帽，而“自将军以下至师帅”都穿红袍马褂，戴着“一种非常独特的华丽头饰，用红布制成，覆以金箔和刺绣”。

据有关史料记载，太平军在长期的实际生活中形成了某些共同的服饰风格，像裹头、扎巾、短衣、花靴之类。特别是在发式上独具特色，他们都是蓄长发，编成辫子，用红丝绒扎住，盘在头上，形状似头巾，尾端成一长穗，自肩而下垂。这与长期以来戴着瓜皮帽、背拖长辫的清朝臣民的发式相比，自是大相径庭。太平军这种服饰风格的形成，有三种因素：一是作为与旧王朝相对立的农民武装队伍的政治标志的象征，二是受劳动群众传统生活方式的影响，三是为适应行军作战的需要。

太平军的服饰式样自然会对太平天国统治区域内普通群众的服饰装束产生影响。特别是对于那些积极拥护太平天国革命的人们，更是对太平军的言行举止感到新奇而纷纷模仿，以至太平军的服饰装束在一定范围里成为了一种时尚。据《自怡日记》记载，太平军在常熟“开市颇盛，牌署天朝，掌柜者俱土人，亦辫红履步，诩诩自得”。仿效当然只是一方面，与此同时，太平天国也对老百姓的服饰作了一些规定。按《太平天国印书》所述：

「宽袖女服或窄袖女服展示图（根据文献记载及《太平天国革命亲历记》插图绘制）」

“拟民间居常所载之帽皆用乌布纂帽，其富厚殷实之人，则绸缎绉纱，任由自便，但不得用别样颜色，致与有官爵者相混。”又规定：“拟民间喜事所戴之帽形如圆月，内用硬胎，或加红额壹个；所穿之袍青、蓝、乌色为准。”在太平天国《钦定士阶条例》中，还详细设计了秀士、俊士、杰士、约士、达士、国士、武士、榜眼、探花、状元等的衣、帽、袍、靴式样，对各个阶层人们的服饰装束作出了比较具体的规范。

辛亥革命成功后，在艰难而多变的历史进程中，中国服饰也发生着深刻的历史变化。民国以来，不仅延续了 200 多年的辫发陋习被铲除，而且服饰传统的规章制度也被一一废弃。值此传统服饰文化一波三折之际，西洋服饰迅速输入中国，出现了西洋服装与传统的长衫、马褂等并行不悖的奇特现象，这种现象在当时的长江流域某些地区表现尤为突出。如据 1912 年 3 月 20 日的《申报》记载，上海等地就是“中国人外国装，外国人中国装”、“男子装饰像女，女子装饰像男”、“妓女效女学生，女学生似妓女”以及平民穿官服、官僚穿民服，如此缤纷杂陈，一时间令人目不暇接，眼花缭乱。

大体而言，民国时期（1912—1949 年）长江流域特别是长江中下游地区的服饰，与中国服饰总的变化、发展趋势基本一致，同时又不失自身的特色。最值得大书特书颇具时代特征的变化可以概括为：中山装的出现引人注目，旗袍的穿着逐渐普及，割辫剪发蔚然成风，弃裹放足大见成效。

男子服装的变化是中山装的出现及改进。中山装是孙中山先生创制的，他根据日本的学生装形制加以改进，改成单立领，前身门襟 9 粒扣子，左右上下 4 个明袋，袋子上面有“胖裥”（即袋褶向外露），后身有背带缝，中腰处有一腰带。这是最早的中山装。后来基于《易经》和民国时期的有关制度而寓以涵意，如依据国之四维（礼、义、廉、耻）而确定前襟 4 个口

「孙中山穿中山装」

袋；依据国民党区别于西方国家三权分立的五权分立（行政、立法、司法、考试、监察）而确立5粒扣子；又依据三民主义（民族、民权、民生）而确定袖口必须为3粒扣子。这是在西装的基本式样上渗入中国的旧民主主义革命意识。

妇女服饰最显著的特点是旗袍的普及。

旗袍本来是满族人民的服装，因满族人有“旗人”之称，所以他们穿着的袍服被称为“旗袍”。

满族人入关以后，为巩固其统治，强迫汉人改易服制，强行推行其服装、发式等。随着辛亥革命的成功、清政权的垮台，满族的服饰习俗大部分被逐渐淘汰。然而，旗袍却以其种种优点，被人们保留下来并加以改进，长期穿用，至今不绝。

要说旗袍的优点，主要有二：一是经济便利。以前妇女从上到下一套服装包括衣、裤、裙等多件，而旗袍一件即可代替；何况在用料、做工方面也大大减少工本。二是美观适体。由于旗袍上下连属，合为一体，容易衬托出女子的身体曲线，加上高跟皮鞋的配合，更能体现出女性的个性风采。

旗袍的普及开始于20世纪20年代初，据说最早穿着旗袍的汉族女子，是一批上海的女学生。这些年轻的女子穿着宽敞的蓝布旗袍走在街上，引起了各界妇女的羡慕，于是纷纷加以仿效，一时间，旗袍竟成为当时女子最时髦的服装。

「民国时期20年代旗袍样式(传世实物)」

20世纪20年代初，旗袍的式样与清末的旗装没有多大差别，但不久，袖口缩小，滚边变窄。20年代末，由于受欧美服装的影响，旗袍式样又发生变化，如衣身缩短、腰身收紧、缀以肩缝等，较之以往更贴身适体，更能衬托出女性的曲线美。30年代，旗袍进入全盛时期，穿用已相当普及，其式样更是日新月异，变化很大。比如领子，先是流行高领，越高越时髦，即便是盛夏，在薄如蝉翼的旗袍上，也是配以高耸及耳的硬领。可是，不久又时兴低领，越低越“摩登”，当低得无法再低时，干脆省去了领子。袖子的变化也是时而长过手腕，时而短至露肘。再有就是旗袍的长度，先是流行长的，走起路来衣边扫地。后又改成短式，收至膝盖以下。从 20 世纪40 年代起，旗袍的式样变化趋缓，但亦有改变，总的趋势是愈来愈简便，袖子及身长是由长到短，领子也大多采用低式，并在夏天取消了袖子，又省略了许多繁琐的花边装饰。

「民国时期 30 年代至 40 年代初期旗袍样式（传世实物）」

男子割掉辫子是民国初期最大的变化。满族入关，强令汉族男子剃发蓄辫，这一习俗延续 200 多年。辛亥革命以后，政府颁布了剪辫令，各地纷纷成立了许多剪辫团体，各种新闻媒体大造舆论，全国范围内迅速掀起了割除辫子的热潮，并把它作为一场“涤旧染之污，作新国之民”的革命运动。

这股割辫热潮首先从南方涌起。陶菊隐在《长沙响应起义见闻》中记述：“大家认为不剪辫子就是甘心做满奴和亡国奴的显明标志，于是在学校中剪掉同学的辫子，当街剪掉路人的辫子。”其他地方也莫不如是。这与 200 多年前清廷强令人们剃发编辫形成了鲜明的对照。

说起来也真有意思，当年，人们曾发出“留发不留人”的豪言壮语，对朝廷强行推广剃发编辫的满俗加以抵制。此时，一旦要割掉辫子，竟是又费了好大的力气，甚至闹得一片鬼哭狼嚎。据有关史料记述，在浙江海宁，有人的辫子被别

「剪辫子」

人剪掉后，竟抱头痛哭；有的人破口大骂；有的人硬要剪辫子的人赔偿损失。保留辫子者还把辫子盘在头上，藏在“瓜皮小帽里”，一不小心，把辫子露出来了，“于是满脸通红，窘得很!”又据《申报》1913年1月4日记载，在上海“因剪辫而致冲突之案，时有所闻。推究其故，皆因不肖军士潜将发辫暗藏帽内，以致人多观望，时起争端”。上述事例在长江流域其他地区也时有发生。

尽管如此，时代进步的潮流仍不可阻挡，男子割辫是大势所趋。从全国范围看，多数人都在较短时间内陆续割掉了辫子，特别在南方，时至1917年，就如《近代稗海》第4辑中所描述的那样：“人民久已将辫发剪除净绝，间有垂垂拖豚尾者，亦千百人中之一二耳。”此番行动应当算是民国初期人们服饰观念移风易俗所产生的重要成果。

割掉辫子还对服饰其他方面的变化产生了很大影响，主要是各式男帽日益流行，如草帽、卫生帽、毛绳便帽、西式毡帽、风帽、礼帽等。诚如1921年7月16日的《申报》载：“民国以来，子皆剪发，且风气日升，夏季之草帽，销行日盛。”

清代，男子蓄发编辫，垂于脑后，而女子蓄发扎辫盘成发髻。民国时期，在男子割掉辫子的同时，就有人提倡女子剪发，随着妇女解放运动的进一步发展，这一建议愈加受到重视。从有关史料看，长江流域的女子剪发，20世纪20年代就大加倡导，宣传女子剪发的形式也多种多样，如1925年暑假，大学生们在浙江演出文明戏《劝剪发》，有4名女同学在演出现场当即剪掉发髻，台下妇女大为振奋，马上就有一些女子仿效。20世纪30年代后，女子剪发更为普遍。据毛泽东的《长冈乡调查》记述，头发“除‘老太婆’外，一律剪掉了，‘老太婆’也有剪发的。老妇未剪的约占女子20%”。湖北的江汉平原及鄂东地区，中年妇女多将发辫散开剪成齐耳短发，再以发卡卡牢。《巴县志》提到20世纪30年代末，巴县“今城市女子亦一律剪发，不见男子辫发”，“……剪发烫发，又成一风气焉”。1942年出版的《西昌县志》说：“女子旧日缠足挽髻……近则剪发。”1947年出版的《新繁县志》也称：“明清以来，女子缠足穿耳，其习甚恶。民国后，此风渐绝，然近年妇女剪发、烫发，又效而成俗矣。”

说到缠足，的确是“其习甚恶”，残害了中国妇女千余年之久。辛亥革命胜利后，掀起了妇女解放运动，最显著的成效之一是号召抛弃裹脚布，提倡放足和天足。这股旋风在长江流域刮得凶猛，大见成效。

1911 年 10 月 19 日，湖北军政府内务部颁布告示：“照得缠足恶习，有碍女界卫生。躯体受损尤大，关系种族匪轻。现值民国成立……特此示令放足，其各毋违凛遵！”南京临时政府 1912 年 3 月 13 日又以孙中山的名义令内务部“速行通饬各省一体劝禁（缠足），其有故违禁令者，予其家属以相当之罚”。缠足本来迫于习俗，虽痛苦难受，也只好忍气吞声，如四川有《缠足歌》唱道：“问娘何心毋乃酷，忍教自己亲骨肉，未成人先成废物。只因媒妁再三渎，谓足不美美不足，恐娘受骂女受辱。”故而一经政府劝禁，放足与天足者越来越多。正如黄炎培在《我亲身经历的辛亥革命事实》中回忆的那样：“女子裹脚从此解放了。已裹的放掉，已经裹小的也放大，社会上很自然地一致认定，民国纪元以后生下的女儿，一概不裹脚。”到 1920 年，上海“女界多属天足”。浙江定海“光复以后，城市中年以下妇女，率皆放足”。四川巴县“入民国至今，辮发缠足之习已无存”。

民国时期的长江流域服饰变化、发展及其实际状况远不止上述几点，只因篇幅所限，不宜再费笔墨。但仅从以上几个方面来看，已意味着一个全新的服饰观念和行为至近代以后在滋生、蔓延……

长江流域服饰文化源远流长，绵延数千年的长江流域服饰内容丰富多彩，还有许多笔者尝未涉及。因地区广阔，各地有异，其间又相互影响，变化多端，难以尽述，且有些方面的内容会在有关章节中论述。所以，对于长江流域服饰的流变演进，我们只能勾勒出其大体轮廓。

长江流域服饰的地域特色

俗话说，一方水土养一方人。长江流域地缘广阔，世世代代生息劳作在这片神奇土地上的人们，受地理、气候、物产等自然条件的影响和制约，自古以来，服饰习俗千差万别，穿着打扮多种多样。这里的服饰千姿百态，奇葩竞放。

长江流域地缘广阔，又有许多民族在这里生息劳作，穿着打扮千差万别，服饰风格多种多样。风格的多样性，既表现了不同的地域风采，又反映了不同的民族习俗。风格多样的长江流域服饰或简洁质朴，或繁复华丽，或淳穆敦厚，或沉郁斑斓，或飘逸典雅，或宽博雄浑，奇巧相生，千姿百态，最为完整地展现了长江流域各地方、各民族特有的智慧和审美理想。长江流域服饰之所以千姿百态，奇艳芬芳，一个重要因素，是与祖祖辈辈休养生息在该地区的各民族人民赖以生存的自然环境和所采取的生活方式有关。地理、气候、物产等自然条件，影响和制约着各地各民族的服饰。长江流域是一片神奇的土地，这里的服饰奇葩竞放。

青藏高原，号称“世界屋脊”，高海拔、高辐射，低气压、低气温，空气稀薄，温差极大，如此恶劣的自然环境，会使一般人很难适应。然而，藏、羌、门巴、珞巴等民族却世世代代在这里生活。那散发着酥油味的皮袍厚毡内，隐藏着一种带有几分神秘色彩的文化，甚或会让世界惊愕而迷茫。

云南、贵州，人称“秘境”之地。素有“亚洲大陆水塔”美誉的云贵高原，许多著名的河流都以这里为源头，呈放射状流向四方。它们将五色土劈开、分割，大山横断，沟壑密布，在河流从海拔 6740 米高峰向海拔仅 76 米的河谷跌落的梯级上，高低悬殊，寒热各异，幻化出形态各异的自然奇观，正所谓“一山有四季，十里不同天”。而居处生活在这山林河谷中的民族又很多，故衣着妆扮迥异而多姿。又因为“十里不同天”，所以“一山不同族”，其服饰也就常常是隔山而不相同了。

被列为中国四大盆地之冠的四川盆地，又称“天府之国”。这里属亚热带气候，冬暖夏热，适宜种植多种植物，自古农桑发达，纺织、丝绸业兴旺，所以，古代蜀锦“其价如金”，而蜀地则“女工之业，覆衣天下”。

「万里长江」

荆楚大地，环境独特，有山地、丘陵、平原、湖沼、河流，自古就兼收南稻北粟之利，熔夷夏文化于一炉，其服饰风格浸润了楚骚文化的浪漫气息。

吴越地处三江五湖，是富饶的江南水乡。“上有天堂，下有苏杭”，这是人们对吴越地区的最好赞语。该地区气候温和，自然条件优越，农业和蚕桑业历来很发达，长江之水滋养了这里的丝绸、染织和刺绣，使服饰清新自然，充满了水乡情调。

生活在长江流域这片神奇土地上的历代先民，在数千年的生息、开发、迁徙、流变中，创造了让人们惊叹不已的精神文化和物质文化，在服饰上莫不如是，真是说不尽，道不完。下面，我们试图选取一些颇具代表性的特色服饰进行简要的介绍，借一斑以窥全豹，从而可以大致了解在漫长的历史流变中形成的长江流域不同地区的服饰特色。

长江上游的服饰

(一)青海藏区服饰美

青海藏区的服装，历史渊源久远，在漫长的流变中形成和发展。由于受着地理气候、生产方式、文化背景、审美情趣诸方面因素的影响，因而有着自己独特的式样，形成了青海藏区的地方特色。藏袍是藏族最普遍的服装，基本结构是宽、长、大。穿上这种大襟的袍服，行路时怀中可揣入许多随身物件，夜间解开腰带和衣而眠，裹盖全身可当被褥。青海藏区有句俗话：“汉民的铺盖在炕上，藏民的铺盖在身上。”说出了这种服装的基本特征。青海藏区袍服的最大特色是非常讲究边饰，一般都要在衣边和袖口处用橙、黄、绿、蓝、靛五色氆氇镶成一寸宽的花边。这种依次递增的竖立色块，宛如天上彩虹降落人间，给人以一种跳跃的感觉，构成了明快而和谐的美的效果。有的袍服则用豹皮作边饰。据传，这是吐蕃王朝的军旅习俗，为奖励在战场上英勇杀敌的勇士，军队首领将虎豹皮斜披于肩上，作为战功的标志，其后便演化为服饰的装饰部分而代代流传。

「身着藏袍的藏族群众」

也有用水獭皮作边饰的，镶边的水獭皮有4~6厘米宽的，也有16~19厘米宽的，水獭皮色以灰褐为贵。在隆重的集会上，能穿上一件宽边水獭的袍服，无疑会增添光彩，令人刮目相看。

以宽、长、大为基本特征的袍服，行走很不方便，因而紧身束袍的腰带就成了不可或缺的腰佩之物。青海藏区把束腰带当作是件极庄重的事情，特别是一种给新郎扎腰带的典礼，更是别有情趣：当某个小伙子到姑娘家入赘，在婚礼上，岳丈大人要在众宾客面前为新郎举行一个扎腰带的仪式，并亲手为女婿把腰带扎好。在这项仪式中，还必须由一位德高望重的司仪朗诵一首古老的诗：

啊！像青天似的岳丈，
给蛟龙般的女婿，
系条彩虹般的腰带。

啊！心胸宽于青海湖的岳丈，
给鲤鱼般的女婿，
系条清流般的腰带。

啊！情意长于黄河的岳丈，
给孔雀般的女婿，
系条锦屏般的腰带。

啊！像劲松般的岳丈，
给猛虎般的女婿，
系条檀香般的腰带。

啊！像巍巍青岩般的岳丈，
给野牛般的女婿，
系条白雪般的腰带。

这首诗其实就是一段祝词，它通过丰富的想象，告诉在座的亲朋好友，招来的女婿，任凭是飞天的蛟龙，是潜水的鲤鱼，是展翅的孔雀，是出山的猛虎，还是那放荡不羁的野牛，岳丈大人已经用一条具有神力的腰带把它牢牢系住啦！小伙子，从今以后，你就同爱妻在岳丈门下过着安稳而甜蜜的日子吧！

青海藏区的帽和靴实用美观。帽的品种多样，形态各异，男女都戴。对藏区的牧民来讲，帽子不仅用于御寒，还起着礼仪作用。像路遇贵客，摘下头上的帽子，用右手托在胸前，是谦逊恭敬的表示；在帐房里给宾客端茶敬酒，必须戴着帽子，否则被视为失礼行为。

青海藏区的牧民最喜欢穿传统的牛皮藏靴。这种靴长及膝盖，夏天可以防雨，冬天能够踏雪，骑在马上便于踩蹬，很适应牧区的自然气候、地理环境及游牧生活方式的特点。

靴的种类、形制也越来越多，如新式长筒马靴和高鞔皮鞋，也逐渐为青年男女们所喜爱。特别是有一种被称为“格洛”的花藏靴，更具有浓郁的民族特色。这种靴的底和帮是用牛皮做的，靴筒则用彩色氆氇，鞋尖向上高高翘起。靴筒装饰风格各异：有的以强烈的对比色条相配置，具有粗犷明快的格调；有的以纤细的相关色组成，流露出娴雅温柔的情致。在这些彩条中，又夹杂着十字纹作的装饰，用各种色条把它们分成单元，构成一组组美丽的图案，给人以雅丽、明媚、闲适、柔和的快感。这种花藏靴既是具有实用价值的装备，又是精美的技艺杰作，是青海藏区牧民们尤其是妇女们的心爱之物。

「 脚穿藏靴的儿童 」

(二)上门隅的小牛皮披

在西藏喜马拉雅山的东南坡，有一块山水相连、层峦叠嶂的地方，西靠不丹，南邻印度，东接珞瑜，北依藏区，地势低洼，气候温和，土地肥沃，物产丰富，人们把这里称作“门隅”，意思是

“低洼之地”，又叫作“白隅”，含有“隐藏着的幸福之地”的意思。这里是门巴族生活的地方。

「 披“小牛皮”的门巴族妇女 」

相对封闭的自然环境养育出了门巴人淳朴和善的性情，他们在接受藏文化影响的同时，逐渐形成了自己的文化特点。门巴人十分重视自己服饰的美，在衣着打扮上，显现出丰富充实的内心世界、生活热情、民族活力和对大自然的审美情趣。在绚丽多姿的门巴服饰中，有一种很独特的披饰——小牛皮披。

这种特殊的装束流行于上门隅一带。在上门隅，无论白发苍苍的老妇，还是天真烂漫的小姑娘，背后都要披一张完完整整的小牛犊皮。小牛皮的毛向内而皮板朝外，小牛皮的头部向上直抵颈项，牛尾巴朝下，四肢向两侧伸展着。每逢节日、集会、婚礼，或迎客会友，门巴妇女必定换披一张新牛皮，就像换上新装一样，喜悦之情溢于言表。

披小牛皮是上门隅门巴妇女的美饰。门巴有句谚语，说：“‘多’藏在数目中，‘美’藏在装饰中。”她们为什么以披小牛皮为美呢？这可能与其世代相传的生活经历、生产方式有关。

上门隅的门巴妇女自古以来就从事牧业生产，是牧业生产的主体，在牧业生产中享有特殊的荣誉。而男子主要从事狩猎。所以，上门隅的妇女披小牛皮，既反映了对牛的原始崇拜，同时又记录了妇女在牧业生产中所取得的历史性功绩。

在上门隅，人们都把头戴门巴小帽和身披小牛皮看作是美的标示。如若你不信，就请听听门巴情歌：

头戴小帽俊美，
因插孔雀花翎；
身披上好牛皮，
容貌更加动情。

(三)革家蜡染世代传

蜡染，是我国古老的少数民族民间传统纺织印染手工艺，古称蜡，与绞缬（扎染）、夹缬（镂空印花）并称为我国古代三大印花技艺。贵州、云南苗族、布依族等民族擅长蜡染。

蜡染是用蜡刀蘸熔蜡绘花于布后以蓝靛浸染，既染去蜡，布面就呈现出蓝底白花或白底蓝花的多种图案，同时，在浸染中，作为防染剂的蜡自然龟裂，使布面呈现特殊的“冰纹”，尤具魅力。由于蜡染图案丰富，色调素雅，风格独特，用于制作服装服饰和各种生活用品，显得朴实大方、清新悦目，富有民族特色。

在黔东南苗族侗族自治州，居住着七八万革（原写作“僅”）家人，算是苗族里独特的一个分支。这里的蜡染世代相传，是深受世人喜爱的服饰材料。革家人民风淳朴，习俗奇异，服饰文化别有情韵。特别是蜡染艺术，更为服饰文化增加了光彩。贵州是中国著名的蜡染之乡，而革家妇女又素有蜡染的传统。平时，村姑农妇三三两两，或聚坐在厅堂里，或围于树荫和瓜棚豆架下，俯身蜡染布板上，专心致志地做蜡染。她们用铜片制成的蜡刀，从温在灰炉上的瓷碗里沾上蜡液，描画在白布上。蜡液落布即干。画毕，便将蜡布放进蓝靛缸里浸染。由于用蜡液描过的地方染不上色，所以，待煮沸脱蜡和漂洗晒干后，就可以显出蓝底白花的各种花纹图案来。

革家蜡染，布局对称，图案美丽，显示出革家人丰富的想象力和高超的技艺。各种各样的图案，都有特定的寓意：或记述着优美的传说，或记录了传家的历史，或寄托着对美好事物的向往，或预示对未来生活的追求。例如，古代革家人为躲避战乱而潜入深山，先民曾在蝙蝠栖息的山洞居住过，于是便对蝙蝠有了特殊的感情。又如，铜鼓不仅是节日欢舞时的伴奏乐器，更是财富、权力和神圣的象

「革家蜡染」

征。再有，猎犬是山民出猎时的忠实助手和朋友，游鱼、飞鸟象征夫妻恩爱，家庭幸福，于是，它们便成了革家人蜡染图案的主要内容。

在革家村寨，关于蜡染图案、纹样的传说很多。比如有这样一个传说：远古时代，每天都有七个日头同时出来，晒焦了大地和万物。为了不让日头晒烤，一位善射的革家英雄，张弓搭箭射向日头，一连射掉了六个，剩下一个日头慌忙躲了起来，再也不敢出山。这样一来，世界一片漆黑。怎么办呢？后来，幸得公鸡高声啼唤，好不容易才把那个吓得躲起来的太阳公公请了出来。从此，天下恢复了光明，并孕育出宇宙万物。于是，人们为了不忘公鸡的功劳和太阳的恩赐，就用公鸡、太阳纹样来装饰自己的衣裳。

蜡染被广泛用于革家人的人生礼俗之中：如处于热恋阶段的姑娘，依习俗要以自己制作的蜡染布帕、雨伞袋和腰带，作为爱情的信物赠送给心上人；新娘出阁时，依例要穿上自己染制的头帕、衣裙，以显示自己的心灵手巧。可见，蜡染是黔东南革家人服饰文化一道最亮丽的风景线。

「宋代贵州蜡染衣与蜡染裙(贵州下坝棺材洞出土实物)」

(四)滇地头饰花样多

云南洱源一些地方的白族妇女，喜爱一种名为“登机”的头饰。在白族话中，“登”即“顶”、“戴”之意，“机”是“吉利”的意思。“登机”上面，条形的银饰连接成方格图形，醒目大方，毫无细碎之感；那镶嵌在边沿的圆形银纽扣，线条分明，又富有立体感。一件“登机”往往是衡量一个姑娘是否心灵手巧的标志。因此，当女子长大成人的时候，一般都会亲手精心缝制一顶“登机”，作为心爱之物。每逢会客、赶集、探亲访友，或参加盛大的民族节日活动，或去和情人幽会，都必定会戴上它，以展示自身的才艺和风采。

「白族头饰」

在南涧彝族自治县，女子的头饰又别具一格。常常可看到一些青年女子后脑包头上高高崛起三枝鲜花，这就是彝族女子十分喜爱的“遮包花”。它用红、绿等色丝绸制作而成，看上去鲜艳夺目。用这些花色配在缠好的包头上，每副遮包花在规则摆开的横枝上伸出三枝，每枝的顶端又有三朵盛开的鲜花，以中间的一枝较高，花朵较大。这种头饰一般是已定婚或结婚的年轻女子戴。所以，在彝族习俗中，男方送给女方的聘礼中，一定要有一副漂亮的遮包花。而女方得了遮包花之后，无论是参加“打歌”或者“朝山”等活动，总要戴上它。这样，一来可以显示自己的身份，二来也使小伙子不致找错恋人。

西双版纳地区哈尼族青年的头饰因年龄的变化而不断改变。姑娘们从步入青年阶段到结婚，一般要更换四次装束。从 15 岁开始，系上围裙和染红牙齿。一个村寨的同龄姑娘，相约同时在腰部围起由两片围襟组成的“纠章”，并染红牙齿，表示已步入青年阶段。间隔一两年之后，到十六七岁，摘掉少女的圆帽“欧厚”，改戴缀有银牌的“欧丘”，表明姑娘可以接受青年男子的求爱。进入 18 岁，则又改戴“欧丘”为“欧昌”，并在“欧昌”后部缀有银泡。戴上“欧昌”表明已到结婚阶段，男子可以前往娶或“偷”。至于男子到 15 岁以后，也要染牙齿，摘掉少年戴的圆帽“吴厚”，改包头布“吴普”。有的地方，成年男子还包着艳丽的红布包头，结婚后才改用黑色包头布。

滇南哈尼族叶车（哈尼族支系）女子的安角头饰更是特别。叶车女孩凡到 10 岁左右都要梳发编辫，其式样是将长发往后分作三等分，再用三条二指粗厚的黑布条分别相互交错编辫，直到末梢。辫梢结有若干股长约 1 米的线绳，绳头系一大把蓬松的蓝线缨穗，下垂及肩。婚后，开始当家或生育的女子，必须除去辫子，安上一支奇特的独角，独角是用黑蓝布条卷裹成圆筒状，粗约二厘米，长四五厘米，正对鼻梁安于额顶。弃辫安角是叶车女子人生中的重大转折，它标志着青春年华的逝去。因生育而安角的女子，心情是复杂的，有高兴也有叹息，当然还是喜大于哀。但凡不属生育而除辫安角的女子，那情形就大不相同了。开始安角时，总要痛哭一场，为姑娘生活的消逝而悲伤，为无忧无虑的美妙时光离去而叹息。不愿在夫家的女子甚至要进行竭力反抗，每当遇到这种情况，左邻右舍的婶娘们就像是完成一桩重大使命似的，“群拥而攻之”，众起而助之，按住媳妇手脚，强行安上独角。独角一经安上，再顽强的女子也会规规矩矩，不再哭闹反抗了，据说安到头上的独角是抛弃不得的。

（五）蜀锦享誉海内外

中国是世界上养蚕、缫丝、织绸最早的国家，2000多年前，精美的丝织品就远销国外，有“东方丝国”的美誉。而四川则是中国的一大蚕桑丝织基地，且历史悠久，特别是蜀锦，更是享誉海内外。

古代称四川为“蜀”，据说是因为种桑养蚕业发达，因为“蜀”就是“蠋”（野蚕）的象形字。东汉许慎的《说文解字》说“蜀”是“葵中蚕”；而“葵”在《尔雅音义》中解释为“桑”，说明“蜀”和“桑”的密切关系。所以，从黄帝时代以野蚕“蜀”命名的蜀山氏，到后来第一个蜀王朝蚕丛氏时代，正是由“蜀”到“蚕”，即从拾取野蚕的茧到驯化野蚕、人工饲养蚕的时代。而丝绸的发明，显然是在原始织造业发达的基础上开始的。古氐人以善织闻名于世，巴蜀正是古氐人诸部中文明鼎盛的代表。先秦以来，巴人以“賨布”著称，纳贡于王朝。而蜀人的“蜀布”更是名播遐迩。张骞出使西域，在大夏见到的就是商人们不远万里经滇历缅、跨越古印度贩去的蜀布、邛杖。

蜀锦是汉至三国时蜀都(今四川成都及其周边地区)所产特色锦的通称。在成都附近，有古锦官城，是闻名全国的蜀锦生产中心。

汉代扬雄《蜀都赋》中曾有“自造奇锦”的句子，以赞美蜀锦。三国时，织锦生产是蜀国经济的重要组成部分，相当发达。当时，作为蜀国丞相的诸葛亮，对蜀地经济的开发，尤其是蜀锦的发展，起了极大的作用。他一面动员民众整修水利，扩大灌溉系统；一面奖励种桑养蚕，设立锦官，专管蜀锦生产。以至后世多少年来，流传着许多有关诸葛亮与蜀锦的传说、

「蜀锦作品」

故事，其中以《丝绣笔记》里记述的一则传说尤为生动感人：当年，诸葛亮率领众将士到达大小铜仁江（今贵州江口县西北）交汇处，梵净山屹立于渡口，地势险要。将士们刚刚驻扎下来，就有部下来报：当地正流行瘟疫，许多人相继犯病，无论男女老幼，个个东倒西歪。诸葛亮一向爱民悯民，听到这种情况，忧心如焚。他一方面亲身前往察看，探明原因；另一方面火速派人携带大量丝绸深入苗族人民之中，给病人做衣服、被褥，用来防止病毒感染。这一招果然灵验，不久，人们很快恢复了健康。于是，蜀国就与当地苗族建立了友好关系。后来，诸葛亮又推行了汉苗共治，共同开发和建设边地，发展农桑，促进蜀锦生产，为西南部丰富的服饰文化增添了风采。“军资所出，国以富饶。”西南苗族人民为了纪念诸葛亮的功绩和不忘他的恩德，把自己织的锦命名为“诸葛锦”、“武侯锦”。

及至唐和五代，蜀锦之盛更逾前朝，“新样锦”、“十样锦”等花色品种层出不穷。最著名的有宜男、宝天地、方胜、团狮、斗羊、对雉等。唐代大诗人杜甫咏蜀锦诗句有“花罗封蛱蝶，瑞锦送麒麟”。唐末的陆龟蒙《记锦裙》亦云：“有若驳雨残红，流烟堕雾，春草夹径，远山截空，浓淡霏拂，香霭冥密。”唐中宗时，安乐公主出阁，成都献一条单丝碧罗裙，其上“缕金为花鸟，细如丝发”。众多精致的蜀锦进入皇家，除供宫廷享用之外，也是皇家赏赐外臣的重要物品。

「日本正仓院所藏唐代紫地凤唐草丸文锦」

自古以来，蜀地织锦业的发达和其花色品种的繁多，不仅极大地丰富了本地区的服饰文化，同时也为中华服饰文化史增色加彩。

(六)蜀乡人爱包白头帕

从前，四川人有爱包白头帕的习惯，特别是在广大的农村，不论男女，都用白帕缠头，甚至到如今，一些边远山区仍习俗如故。

关于包白头帕习俗的形成，在四川民间流传有多种传说：一种传说是与农民起义领袖张献忠有关。明朝末年，家贫年幼的张献忠帮马贩子赶马到四川。一次，马群路过财主家门口拉了粪，张献忠赶紧打扫干净，还用水冲洗地面，可财主仍不肯放过他，硬逼他用衣服擦干地上的水迹才让离开。此时正值寒冬腊月，只穿了一件破烂衣服的张献忠不知如何是好。正在这时，有个年轻人走到跟前，解下自己头上包的白头帕，递给张献忠，让他去擦干地上的水迹。

后来，张献忠造反当了八大王，进入四川，想起了当年替自己解了围的年轻人，感到有恩未报，心中很不好受。他想了一个报恩的主意：下达军令，部下官兵见了包白头帕的人不准为难。这消息被老百姓知道后，就纷纷在头上缠起了白帕子。久而久之，这种临时为避难护生的装扮，成为一种习俗在四川保留了下来。

另一种说法是在四川居住的羌族人民为了纪念羌族英雄黑虎将军，渐渐形成了包帕的习俗。

流传得最广的说法，是来源于为诸葛亮吊孝。三国时期，诸葛亮辅助刘备在四川成都建立起蜀汉政权。后又辅佐后主，鞠躬尽瘁。任丞相期间，奖励农耕，抑制豪强，公正无私，为四川西南地区的繁荣作出了贡献，而留给子孙的仅仅是“桑八百株，薄田十五顷”，赢得了老百姓的尊敬和爱戴。诸葛亮逝世后，老百姓十分悲痛，纷纷自发地为之披麻戴孝，寄托哀思。当时习俗，服孝要 3 年，人们身后拖着长长的孝布劳动，很不方便。于是，大家干脆把孝布缠裹在头顶，这样既可为诸葛亮戴孝，又不耽误活

「诸葛亮」

路。久而久之，这一装束形成为一种世代相传的服饰习俗。

传说不可全信，但白帕包头确有妙处，既能防风御寒，又起装饰作用，还有一般帽子所不具有的用途：爱抽烟的男子，可以把烟杆插在头帕内；一些妇女则把针头、棉线卷在帕内，随时备用；出门在外，不需带包，就可用又长又宽的帕子包东西；抬重物或干力气活时，则可把头帕解下来，扎在腰上，作护腰之物；上陡山，下悬崖，如果忘了带绳子，还可用头帕当绳索应急呢！

长江中游的服饰

(一)两湖服饰尚红色

红色是生命、活力、健康、热情、朝气、欢乐的象征，用在服饰上，无论男女老幼，都给人以青春活力、热情奔放、积极向上的感觉，因而，红色是时装的常用色彩，特别是女性时装和童服所多用。对红色服饰色彩的青睐，在两湖（湖南、湖北）地区表现得尤为突出。

从先秦时期的有关文献资料来看，楚地先民自上古以来就有独特的尚赤风俗。

楚人相信自己是太阳（日神）的后裔，为火神（祝融）的嫡嗣。屈原《离骚》开篇四句写道：“帝高阳之苗裔兮，朕皇考曰伯庸，摄提贞于孟陬兮，推庚寅吾以降”，即开宗明义地表明诗中主人公的先祖、歌主生辰（寅年寅月寅日）均与太阳有关联，因而为太阳嫡系后裔无疑。缘于日（太阳）中有火，火为赤色（红色），所以楚地先民酷爱红色。楚俗尚赤，自然也会体现在服饰方面。

关于楚人服色尚赤，先秦典籍里多有载述。《墨子·公孟篇》曾载：“昔者，楚庄王鲜冠组缨，绛衣博袍，以其治国，其国治。”其中说的“绛衣”，就是赤（红）色的衣服。帝王爱穿红色衣服，臣民必然效法。《论语·乡党·乡人傩》注疏中记述，笃信巫鬼的楚地驱逐疠疫之鬼的巫师方相氏“黄金四目，蒙熊皮，执戈扬盾，衣朱裳……”也是说巫师穿红衣惊驱鬼疫。

「穿深衣的楚国妇女（按照湖南长沙楚墓出土彩绘木俑摹绘）」

千百年来，相因成习，楚国故地尚赤的服饰风格一直保持下来，特别是广大的农村妇女，在衣着上尤其喜爱穿红着赤。红色鲜艳，红色热烈，红色吉祥，红色浪漫，这种风尚的渊源，自然是与楚文化有直接的关系。在湘南、湘西的许多地方，尚赤的风尚尤甚。清道光湘西《凤凰厅（县）志》卷十一“服饰”条云：“苗人……短衣跣足，以红布搭包系腰，著青蓝布衫，衣边裤脚，间有刺绣彩花……其妇女银簪、项圈、手钏，行滕皆如男子，唯两耳皆贯银环三四圈不等，衣服较男子略长。斜领直下，用锡片红绒，或绣花卉为饰……以布为裙，而青红间道，亦有钉锡铃绣花者，两三幅不等，与男子异……”在这别具一格的苗族服饰中，不论男女都保存着“尚赤”的特色，妇女的衣着打扮尤为明显。直至如今，在湘西泸溪、沅陵县一带的瓦乡人（自称“果雄”，苗族支系之一）中，仍十分流行穿红着赤之风。瓦乡人特别喜爱制作和穿着精致的红衣、红裤、红鞋与红百褶裙。在过去，“闹沙”（巫师）的法衣也是紫红色的。瓦乡人姑娘的嫁衣及老年妇女的寿衣，必然有一件是红棉衣。这种红棉衣的面料，是由蚕抽丝制绢、朱砂染红的蚕绢。对这种传统工艺制作的红棉衣，妇女们十分珍惜，新娘出嫁后穿上一段时间就脱下收藏起来，只有在寒冬腊月走亲、赶场、喜庆节日才翻出来穿一穿，并以拥有一件这样的红棉衣为荣耀；老年妇女一般满了“花甲”以后，总要想方设法再做一件红棉衣，作为寿衣。对红色之

「曲裾袍服图(参考出土帛画复原绘制）」

酷爱由此可见。如若有人问她们：为什么喜好红色，为什么要穿红棉衣？她们定会不约而同地告诉你：这是“果雄”祖上兴起的风俗。

(二)芙蓉国里银饰多

生活在长江流域的苗、瑶、侗、彝、土家、布依等少数民族都酷爱银饰，特别是苗族、瑶族、侗族人民爱好银饰的历史十分悠久，诚如文献所言：“喜饰银器”，“自成历史”。

湘南瑶族妇女特别喜爱银饰，在她们心目中，银子象征光明、正气、富贵；身上佩戴银饰，据说邪鬼见了也怕三分。而且银器还有特殊的实用价值，即可识别毒气。对于山区民众来说，如上山捡菌子（采集野生植物）时，只要用头上戴的银针一试，就可知道菌子是否有毒，决定食用与否。正因为银饰的多种功能，所以瑶族妇女从头到脚，都有银器装饰。盛装时，全身佩戴的银饰竟达60种之多。

银饰的类属有银冠、银花、银钗、银梳、银铃、银链、头簪、别针、耳环、项圈、胸饰、腰链、手镯、脚圈，等等。

银饰中尤以头饰种类最多，花色最为繁丽。一顶女子结婚时戴的凤冠，要用白银400~500克，上面绘有七凤、七龙，由130多个零件组成。一个工匠要花三五个月方能制作完成，可以想见它的精细、别致、贵重。

湘西苗寨人们的银饰更是种类繁复，从其大类言之，有银帽、银衣、银披肩、银项圈、银胸饰、银耳环、银手镯、银戒指等，其中的银帽、银衣、银花等最富特色。纷繁多姿的苗族银饰，都是苗寨银匠手工操作制成，其上多有花纹图案，造型生动，制作精巧，在我国金银镶嵌工艺中占有重要地位。有一种俗称“雀儿窠”（苗语叫“纠”）的银帽，需白银1500~2500克，费数十个手工方能制成，实乃非富有者不能制。其造型恰似汉族之凤冠。制作方法较为复杂，先用厚布壳制成帽坯，上钉9块银薄片。后用银制虫、鱼、鸟、兽以及牡丹、芍药、菊、桂等花卉，系于银丝上端，连缀成一朵朵银花，满植于帽上，摇动如生，势若欲走欲飞之状。银片有的镀金，有的着彩，闪烁辉煌，赏心悦目。帽顶上面，植银制长羽一对，亦有插一枝伞状的银花束。帽沿有二龙戏珠或其他花纹。帽前边吊以飞蝶花苞，再用水银泡子联成网状，约 13 厘米长，适齐眉额。银帽后面也是由鸟、兽、虫、鱼、花、藤各项，层层连缀，长约 60 厘米，吊齐衣边。如此富丽纷繁的银帽，一般只有富家女子在出嫁或接龙盛会时戴。所以，这种银帽又谓“接龙帽”。尽管这样的银帽不多见，但从艺术的角度来说，这种精美的民间服饰物品，怎能不叫观赏者爱不释手，赞不绝口？

「 苗族银帽 」

湘黔桂边界的侗族银饰种类虽不及苗族多，但亦不算少，且很别致。特色最为突出的是儿童的银帽。银帽的纹样图案，从天上到人间，从禽兽到花草，五彩缤纷，银光闪耀。尤其是帽沿的装饰，分上下两层，上层嵌着十八罗汉，下层十八朵梅花并列，排列整齐有序。它们的含义和象征是：十八罗汉护身，鬼神不敢近；花开富贵，吉祥如意。不过，在腥风血雨般漫长而黑暗的岁月里，这种象征和吉兆，仅仅是侗家人对孩子们的一种善良美好的祝愿罢了。银帽靠两鬓各饰一个银制“月亮”，“月亮”正中有的嵌双龙戏珠，丹凤朝阳；有的嵌吴刚伐桂，嫦娥奔月。“月亮”周围以水波浪和彩云绕边，两个“月亮”下各镶一头雄狮，狮子脚踏银球，仰头望月，造型栩栩如生，形象逼真。在银球中间，穿上一条银链，佩带两鬓旁，以护其帽，银链可松可紧。帽顶绣花草，上嵌精翠银珠。帽后围有 7~11 根银浪，尾端镶老鹰爪、葫芦、金鱼、仄子、四方印、响铃等装饰，当小孩子走动或摆头时，银浪就会互相碰击，发出悦耳的响声。

「 苗族银饰 」

以上所举湖南几个少数民族酷爱银饰，有两个突出的特色：一是以多为美，以重为贵。

「苗族银衣」

湘西新晃侗族姑娘身上的银饰重量少则百克，多达数千克。侗乡有一首歌谣是这样唱的：“孔雀展翅美中美，妹戴银饰花上花。银装越多花越美，朵朵红花映彩霞。”再是南方广大少数民族喜爱银饰，是建立在特定的物质基础和民族心理基础之上的。我国南方许多地区的金、银矿产丰富，冶铸历史悠久。《苗族古歌》中的《运金运银》、《妹榜妹留》等部分，对上古时期苗蛮集团（部族）妇女的银饰就有生动的描述。春秋战国时期，金、银已运用到兵器、车器、食具、服饰等物品方面。屈原的《招魂》等作品，对楚宫的珠光宝气、艳饰姝丽有很多的描述，无不给人们留下深刻的印象。自古以来，湘、鄂、川、黔、滇、桂边界许多少数民族均深受楚文化浸染，因此，喜爱银饰乃是这些少数民族共同的心理。

（三）湘鄂边境添异彩

在湘西、鄂西一带富饶的土地上，分布着近600万土家族人。秀丽的山水，温和的气候，孕育出土家人特有的气质，培植了土家族别具一格的服饰文化，为长江流域服饰美景增色添彩。

清朝以前，湘鄂边境的土家族男女服饰差异不大，几乎都是穿着对襟上衣和绣有花边的裙。稍有区别的是：男子的裙服较短，少花边；女子的裙服较长，多花边。男女均以布缠头为饰。清代“改土归流”以后，因官方禁止穿裙，土家族男女均改穿裤。女子喜欢穿青、蓝、绿等颜色的裤，上有一圈白色裤腰，裤脚一般为蓝底加青边，或青底加蓝边，后边再贴以三条宽度不同的梅花条。这一着装，显示出南方山区妇女特有的风姿。

土家族人能歌善舞，特别是摆手舞具有浓郁的民族风格。而摆手舞的着装更有特色：参与跳舞的各寨青壮年一律穿黑衣黑裤，左襟下一排银扣把衣服扣得紧紧扎扎的，各人手执弓刀枪矛，和着单纯而又响亮的鼓锣节奏起舞。这些黑衣战士们的背上，大多披有各色的“西兰卡普”（土家织锦，也称土花铺盖），以象征甲胄，这又给舞队增添了一道鲜亮的风景。

说到西兰卡普，就更值得一书。它那阳刚中带有几分妩媚的风格，因其在国内外独树一帜而为人所称道。早在2000多年前，湘西、鄂西一带就有了西兰卡普。土家族妇女用自己生产出来的家机布（古代称为“赛布”）编织出质地结实、美观耐用的西兰卡普。这种土家锦织工精细，图案丰富，色彩绚丽。据不完全统计，西兰卡普的纹样图案多达二三百种，其内容极为广泛，有花类如梭罗花、藤藤花、韭菜花、岩墙花、大白梅、小白梅、大莲蓬、小莲蓬、荷叶花、牡丹花、绣球花、梨子花等，有家具类如桌子、椅子、磨盘等，有禽兽类如猪脚迹、牛脚迹、猴子、燕子、鱼、蛇、狮子、老虎等。此外，还有一种十分别致的“回笔花”（“回笔”土家语意为“野兽”），是由猴脚、虎纹、马花、狼子头四种动物图形组成的。

「 西兰卡普 」

西兰卡普主要用于衣服、被褥，如新娘出嫁作盖头，赶歌场作披风，还可以作围裙等，都是很别致的。西兰卡普是土家妇女最喜爱的服饰之一，它凝结着编织者的心血和艺术才能，也陪伴着编织者的喜怒哀乐与酸甜苦辣。土生土长、土色土香的西兰卡普是湘鄂边境传统编织艺术和服饰文化的奇葩，永远有着旺盛的生命力以及独特的魅力。

（四）楚地挑花和刺绣

自古以来，楚地植麻、种棉及桑蚕业一直很兴盛，进而促进了缫丝、纺纱、织造、染整、刺绣等一整套纺织生产技术的发展，极大地丰富了楚地服饰文化。

湖北民间广泛流传挑花工艺，挑花制品也大量用于头巾、围腰、肚兜、衣裤等服饰上，甚至袜底、布鞋上都有挑花装饰。挑花尤以当年黄梅乡下百里棉区的蔡山、胡世柏、新开口等处最为精美，其花样丰富多彩，富有地方特色，历数百年而不衰。黄梅挑花的纹样图案内容丰富，一般取材于现实生活，且大多与地方民风民俗相关联，以象征性手法寄托人们的企盼

「黄梅挑花」

和理想，像“五谷丰登”、“夫妻和好”、“闹元宵”、“龙舟竞渡”等；还有如“鲤鱼闹莲”、“双凤朝阳”等，则是用吉祥纹样来表达对幸福生活的希望。图案严谨而活泼，多以团花为主体，再用角花、小盆花、边缘花加以充填，显得繁而不杂。一般挑花绣在藏青色土布上，以白线为主，五彩丝线加以点缀，色彩鲜明夺目，且艳而不俗。

楚地刺绣工艺历史悠久，早在先秦时期已达到惊人水平。1983 年在湖北江陵出土一批战国时代的刺绣制品，其绣工之精湛，令人惊叹。此后历代绣工，在楚绣的基础上，逐渐吸收、融汇各地各派刺绣技艺之长，形成一种富有地方特色的新秀法——汉绣。由楚绣发展而来的汉绣极盛于明清，且多用来绣制服装，如官服、戏装等。由于当年刺绣业发达，形成一定规模，以致有些地方以刺绣命名，如洪湖有“绣花堤”、汉口有“绣花街”，昔日盛况由此不难想见。

汉绣针法有别于四大名绣(苏绣、湘绣、粤绣、蜀绣)，采用一套铺、平、织、间、压、缆、掺、盘、套、垫、扣的针法，用色鲜艳，采用块面式分层破色，对比十分强烈，层次分明，绣品浑厚，图案性强。

汉绣制品很受人们青睐，如原来的武汉戏剧服装厂集中了武汉的汉绣老艺人，大宗生产戏剧服装，行销全国各地；湖北省内一些县市办起的绣衣厂，生产的绣衣款式新颖，绣工精细，深受中外顾客欢迎。外销的绣衣多为真丝绸、麻布、丝棉纺的睡衣、连衣裙、衬衣、套装等，富有民族特色。

说到楚地刺绣，更应该谈谈中国四大名绣之一的湘绣，它的渊源亦可追溯到楚绣。湘绣主要盛行于湖南长沙、湘潭一带，色彩明媚秀丽，制作精巧逼真。同苏绣相比，湘绣的绣法使图案色调变换柔和生动，阴阳浓淡色彩流转自如。特别是湘绣劈丝细若毫发，绣面花纹有绒毛质感（故又称

“羊毛绒绣”)。在绘画、构图方面，以花鸟山水条屏为主要传统作品，并逐渐形成了以荷、梅、松、竹、菊等花卉表现不同的审美情趣和深邃寓意的突出特色。湘绣逼真的构图、独特的针法，给人较强的立体感。湘绣无疑为楚地服饰文化增加了异彩。

(五)奇特木屐今犹在

提到木屐，现今的城里人的确不知为何物。可是，但凡在湖北广大农村生活过的人们，对它却不会陌生。特别是湖乡，这种防滑鞋具几乎家家都有。

木屐的形制是木制底板，板底钉有约 3 厘米的粗钉，板面前半都钉有皮子。每当下雨后，地面泥泞或潮湿时，人们脚穿布鞋，外套木屐以防滑防潮。更为奇特的是，鄂东南地区，有的农民朋友就地取材，常以竹节制成木屐状雨鞋，颇为实用。在农村，木屐是必备之物，主要为方便在走家串户时即穿即脱，十分便利，但不宜穿着走远路。

木屐的历史十分悠久。据传孔子穿的木屐，长达 47 厘米，或许是这双与众不同的圣人之屐太引人注目了，一次，他到蔡国去，晚上睡觉时，木屐竟被人偷走了。

最初的木屐，男屐方头，女屐圆头，“圆者顺之意”，表示女子依从男子。至南朝时期，穿木屐十分普遍，上至天子，下至庶民，莫不穿屐，但不用于正式场合，多为家居的便装和登山游玩的鞋具。木屐底部配有三齿，前二后一。上山拔去前齿，下山拔去后齿，便于人体的平衡。到了宋代，南方穿木屐已很普遍。

「 慈湖木屐 」

历来有关木屐的故事很多，最为动人的是关于介子推抱树被焚的故事。这件事发生在 2600 多年前的晋国，由于宫廷斗争的险恶，使公子重耳流亡他乡达 19 年之久。公元前 636 年，他登位执政后，赏赐患难与共的臣属时，把忠心耿耿的介子推给忘了。不愿争功邀禄的介子推，背着母亲隐入绵山。晋文公听说后，亲自前往绵山求访，介子推却避而不见。无可奈何的晋文公叫人放火烧山，想以此把他逼下山来。三天后，人们发现介子推和他母亲抱着大柳树被烧死了。晋文公痛惜之余，砍下柳树做屐。他天天望屐叹息："悲乎，足下！"相传，"足下"这一尊称，就是由此而来。

史籍和古诗文记下了许多有关木屐的其他轶闻。《晋书·谢安传》载述：公元383年，淝水之战，谢玄等大败苻坚，消息传来，当时身为宰相的谢安正在与客人下围棋。他急忙起身进屋，过门槛时，由于跑得太快，被门槛一绊，把屐齿折断了，其时只顾高兴，竟丝毫不觉。

南朝山水诗人谢灵运是谢安的侄孙，他喜好登山越岭，还创造出一种木屐专为爬山所用，这就是李白诗里赞过的"谢公屐"。

正因为木屐常用于登山涉水，在泥泞粗砺的道路上使用，所以人们制造它时，充分考虑了其坚固耐磨的性能。只是后来的木屐，不再用于登山越岭，下雨天乡村的泥土路，下雪天农家的房前屋后打滑，最适宜的行走工具非木屐莫属。笔者儿时就常在雨雪天穿木屐走东家串西家地约伙伴们玩耍。后来虽然离乡进城，但年年春节回老家与父母团聚，每遇雨雪天气，老母亲总是专门为我预备好一双木屐，一双棉鞋。棉鞋穿在脚上适宜屋内活动，凡要进出走动，只需往木屐里一套，十分方便。

在湖乡广大农村，无论雨天雪天，只见乡村小道泥泞不堪，房前屋后泥浆一片，而家家厅堂却洁清干爽，不见拖泥带水，这都应是木屐的功劳。

(六)湖北服饰荆楚味

湖北地处荆楚大地，是古代楚国的政治文化中心。追本溯源，湖北服饰习俗传承了古代楚国的服饰文化。比如古楚人尚赤，千百年来，湖北地区民众也一直是喜爱红色。直至当代，许多地方的人们仍是不弃对红色的喜好，穿红衣、居朱室、漆红色的家具，这在江汉平原尤为突出。荆楚服饰文化传统，在湖北地区代代相因，可以说在漫长的封建社会里变化甚微。即使到了近现代，因社会政治与经济发生了重大变化，科学技术长足发展，文化交融日渐频繁，各地生活习俗相互影响，致使湖北服饰习俗不断受到冲击而产生某些变异，但湖北服饰仍更多地受本省地理、气候、物产及人们传统习俗的影响，仍有独特的荆楚风味。仅从下面叙述的清末以后湖北的民间衣着打扮，我们便不难看出其特点，诸如衣分男女，时分冬夏；因地制宜，因性别、年龄而异；崇尚款式，追求时尚；等等。

先说头部打扮，包括帽子、发型、饰物等。清末、民国年间，流行的男帽有瓜皮帽、毡帽、礼帽、博士帽、风帽、三夸帽、包头。瓜皮帽分平顶、尖顶两种，老年人喜平顶，中青年好尖顶。毡帽一般为老者冬季所用。博士帽多为文人学士、名流专家在夏季着用。礼帽为文人、绅士、商家、职员所爱好。风帽、三夸帽是下层人士冬季用品。包头在鄂西南颇为盛行。此外，草帽在广大农村盛行，每到夏日，不分男女老幼，均可使用。女帽有额子、勒子、夹耳帽、平绒帽、搭头揪子、包头。童帽品种尤其多，以颜色分有红、绿、蓝、黑、花；以形状论有虎、狮、猫、兔、狗、猪等动物头形及观音坐莲、遮阳帽等；从结构式样看，有圆顶、尖顶、空顶及斗篷、披风、扎花凉帽等。

至于发型，民国前男子一律蓄留辫子。稍为不同的是官绅士商以长辫垂于脑后，农工劳动者多盘辫于头顶。女子以长辫为美，少女多梳单辫或叉角辫，中老年则以长发盘于头后作发髻。民国年间，农村男子多剪发剃成光头，而城镇商学界及公职人员有蓄短发者，如西装头、东洋头、披发等。女子发型变化多样，农家少女多独辫、双辫，婚后剪短辫，更多的是剪辫挽髻。中年女子多剪齐耳短发，再用发卡卡牢，到老年时又将发挽起，以发网兜着套住。大城镇兴烫发之风。小儿多光头，也有剃成“锅铲头”、“狗尾头”、“马桶盖”、“三搭头”、“沙撮”之类发型的，不一而足，视地域不同而有差异。

饰物多为女子、儿童所拥有，大致有头簪、发拢、发勒、发网、插花、耳环、耳坠、项链、项圈等。在鄂西兴山一带，还流行女子额头烙痣。其痣圆而位正，大小如豆。据说这种习俗源自汉代，当时昭君出塞之前备受煎熬，于是，故里女子害怕再入宫廷，便纷纷烙痣破相以避之。此举相沿成习，流传下来。

「民国刺绣对襟女上衣」

再看衣着装束。清末、民国时期，男子上衣流行的款式有短褂、汗衫、棉袄、背心、马褂等。清末民间的上衣多为大襟，即自右前胸至左腋下开扣，民国年间多改为对襟。女子上衣种类与男装略同，但款式有别，且颜色更为花俏，质料更加多样，做工更为讲究。男女下裳式样比较单调，单裤、棉裤、套裤等，男女老少皆可穿用，一般都比较宽大，穿用时，腰部打折，外系布腰带。短裤多为夏季中老年男子服装，裤长过膝，且肥大宽松，穿之凉爽透风。

「民国蓝印花布女裤」

除上衣下裳外，衫袍亦为旧时湖北地区主要服装。男子多穿长袍，有单、夹、棉、皮之分，因季节而异。长袍多在乡绅、商贩及知识界人士中流行。女子有旗袍、披风、围裙。儿童有抱裙，冬季着用，主要是保护儿童的臀部、腰及腿不受凉。

清末民初，人们的服装穿着依身份不同而异：中上层男子多为大襟长袍，外套马褂；一般男子着灰色长衫，农村男子多于长衫之外扎一布腰巾。比较普遍的是：上穿短褂、短袄，下穿折腰单裤、棉裤、套裤、短裤。农村年轻女子偏爱花布衣，或大红、大绿衣服；城镇女子时兴琵琶襟和旗袍，西洋裙亦偶有所见。但遇有喜庆日子，着筒裙、百褶裙、绣花裙者大有人在。至民国中后期，中山服、西服在城镇中上层人士中开始流行，而青年学生喜穿制服、列宁服。童装形制花样更多，依地域、季节等具体情况而各有变化。

至于鞋子，大致是布鞋、棉鞋、草鞋、雨鞋之类。雨鞋有油鞋、木屐之分。布鞋的式样五花八门，大体上有浅口、深口、窄口、宽口、方口、圆口、有带及无带之分。

「童鞋」

(七)赣州的木拖板和景德镇的白围裙

自古以来，在楚文化和吴越文化的夹缝中，江西文化得“左右逢源”之便，受到楚文化和吴越文化的“前后夹击”，其影响是强烈的。所以，早在先秦时期，生活于这一地区的先民就创造了丰硕的文化成果，如斜织机的很早出现和古代纺织印花技术的熟练掌握，就是江西先民对长江流域服饰文化的重大贡献。千百年来，江西地区的服饰文化也自成特色，像宜春地区的人们有一种特殊的装束，他们平时都随身带着一条长约 165 厘米、宽约 82.5 厘米的长布巾。这种长布巾一般是用阴丹士林布做成，无论春夏秋冬，人们都将其随身佩带。长布巾的用途很多，冬天外出缠绕在头上，可以御寒；春秋季节干活束扎在腰间，可以助力；夏季用途则更多：可以擦汗，可以扇凉，可以张开遮挡烈日，可以披身避免雨淋。累了，垫在地上就可以坐；困了，铺展开来则可以代席；到市场购物，两头包扎可以当袋子用；外出回家后又可以当成浴巾用。宜春人的长布巾用途非常广泛，因此，多少年来一直沿用不绝。还有赣南畲族女子的发式和服装，也带有明显的地区韵味。提起江西的服饰，我们不妨还来说说带有传奇色彩的赣州木拖板和景德镇的白围裙。

赣州的木拖板，很是有趣。

所谓木拖板，顾名思义，是用木板做成，在古代又称“木屐”(与前面所述“奇特木屐今犹在”中的“木屐”名同形异)，是一种古老的拖鞋。这种拖鞋适宜于夏天穿着，既简洁轻便，又凉爽舒适。

无论身份贵贱，不管年龄大小，甚至没有男女性别的区分，人皆喜爱。一直到现代，赣州人都保持着穿木拖板的习俗。每到夏日，吃过晚饭，人们洗完澡，换上洁净的衣裳，再穿上木拖板，纳凉消闲，好不痛快自在。特别是入夜以后，人们行走在那为数不多的鹅卵石路面上，或漫步在宽阔平坦的水泥路上，木拖板发出有节奏的“嘀哒、嘀哒”声，为喧闹一整天的城市的夜晚增添了几分韵律。

关于木拖板，在赣州还流传着一个妇孺皆知的古老故事。那是春秋战国时期，吴越相争，吴王夫差为报杀父之仇，厉兵秣马，倾全国之力，与越王勾践所率领的兵马在夫椒（今江苏太湖洞庭山）大战一场，结果是越王勾践一败涂地，成为阶下囚。在灵岩山中，勾践夫妇被去其衣冠，蓬首垢面，干着养马的苦差事，他们忍辱负重，被拘禁整整三年。

公元前491年，夫差被勾践装做臣服的假象所迷惑，亲自送勾践登上回国的马车。勾践回到越国，牢牢记住亡国之痛，石室之辱，为了不让舒适的生活消磨了自己的意志，他撤下了锦绣被，铺上了柴草褥，卧起、餐饮时都先尝一口悬在床头的苦胆，给后人留下了“卧薪尝胆”的箴言。他励精图治，发愤图强，一心要雪亡国之耻。他知道吴王夫差沉湎酒色，便让范蠡在浣纱溪畔访得美女西施，献给吴王夫差，以进一步迷惑对方。西施天生丽质，她本是一个农家女，父母以砍柴、耕种、养蚕为生。相传，她的母亲在溪畔浣纱时，误把一颗圆溜溜的大珍珠吞入腹中，由此怀孕，生下一女，似月宫明珠，光华美艳，取名西施。她从小喜爱穿木拖板在溪畔石边浣纱，到了吴国，吴王夫差为了讨得绝色美女的欢心，便在灵岩山上造了一座富丽堂皇的馆娃宫，整日与西施逍遥作乐。夫差得知西施爱穿木拖板，为取悦西施，投其所好，于是便召来匠人，用名贵的木材，在馆娃宫中造了一条“响屐廊”，让西施和宫女们穿上木拖板在廊中来回走动，以聆听那木琴般的美妙音响。吴王夫差就是这样天天沉湎于酒色欢娱之中，最后，吴国终于被越国打败了，夫差自刎而死。西施没有辜负故国的期望，实现了蛊惑吴王心志、消耗吴国实力的目标，为越国报仇雪耻、灭亡吴国立下了汗马功劳。然而，就在越国打败吴国的那场战争刚一结束，西施也神秘地失踪了，留给人们的是一个千古之谜。

景德镇的白围裙也是江西一大服饰特色。这种白围裙，只是茭草工人(即包装瓷器者)干活时才穿。茭草工人在包装瓷器时，身上必定要围上一条白围裙，并且都恪守一条不成文的戒律，白围裙只能好端端地围扎在身上，不能随意取摘下来，更不能用来垫坐，据说这种风俗是从清朝沿袭下来的。

清朝嘉庆年间，景德镇的茭草工人因不堪窑老板的压榨剥削，曾进行了一次规模不小的“打派头”（即罢工）运动，提出了“增加工钱、改善伙食”的正当要求。可是，黑心的窑老板不但不答应茭草工人的条件，并用钱买通官府，将打派头的领头人郑子木捉进衙门关押起来。郑子木受尽

「景德镇的白围裙」

了严刑拷打，始终不屈服，他暗暗告诫自己，窑老板若不答应工友们的要求，自己死也不带头复工。歹毒的官老爷便使用最狠的一招：叫人抬来一盆炭火，把一顶铁帽和一双铁靴放进去烧得通红，对郑子木说，你再不答应复工，就要你戴上这铁帽子，穿上这铁靴子。郑子木很清楚，这是要命的毒刑，一穿戴上就没命了，可他宁死不屈。气急败坏的官老爷把手一挥，声嘶力竭地大叫一声："给他穿靴戴帽"。郑子木就这样惨烈地倒在了官府。

郑子木为了工友们的利益付出了自己的生命，更加坚定了茭草工人们罢工的决心。最后，终于取得了"打派头"的胜利，窑老板不得不答应了工人的要求。全镇的茭草工人念念不忘郑子木的壮举，纷纷议论着要用一种理想的方式来纪念他。最后，采纳了一个工友的提议，用白布做成围裙，每天围在身上，既能时时刻刻都不会忘却郑子木，又便利劳作。从此，这种方式相沿成习，流行后世。

长江下游的服饰

(一)自成特色的安徽服饰

安徽地处长江下游，为华东腹地，江淮流经省内大部地区，自然条件十分优越。自古至今，世世代代生活在这块土地上的人民创造了独具特色的安徽文化。作为安徽文化组成部分的安徽服饰文化同样有着浓郁的"徽味"。

安徽是建立纺织业最早的省份之一，至清朝光绪年间，芜湖的棉纺业已十分发达，最盛时曾有1000多家机坊，其行业之大，花色品种之多，销路之广，在长江中下游地区可谓首屈一指。合肥挑花、卢阳花布、芜湖蓝印花布等极富地方特色，形成了粗犷与细腻相结合、重色与轻色相结合的风格。

由于安徽特殊的地理位置，其服饰或多或少受到“京味”、“海味”、楚地风格的影响，但更多地还是吸收了江浙风味。不过，无论怎样也改变不了“徽味”。安徽的气候多雨，到梅雨期经常是连阴雨天气，道路泥泞难行，这自然而然地影响着人们穿衣的习俗。如山区沿江的居民，常常是上衣穿得比较讲究得体，而下装则随便些，且趋向于短，以适应泥泞的道路，这样就形成了一种特殊的打扮。虽然时代变化了，经济发展了，各方面的条件都有了很大的改善，可是，这种由来已久的习惯却成为一种服饰风格。

安徽人崇尚朴素大方，喜欢粗犷、大块，方圆分明的服饰。如常常在袖口、裤脚镶上比较宽的色块，正好与圆的袖口、裤脚形成鲜明的对比。色彩上也多运用轻重对比颜色。这种对比都是靠着巧妙的搭配表现出来，像一件贴身、长至腰际的小花丝绸浅色上衣，下面却穿一条拖地、宽松的深色大花棉布裙，很明显地突出了大与小、粗与细、宽与窄、深与浅的强烈对比。再比如一些地方，常常可以看到穿着白底小蓝花上衣，又在领子、袖中、袖口、底襟等处镶着宽宽的蓝边，与白底色形成强烈的对比。

安徽人善于吸取东西南北各地不同的服饰格调，但又不生搬硬套，而是进行再创造，以形成本地特色。比如有人把外地细长、短小的吸腰款式上衣进行改良，把袖子改成超宽的七分袖，再加上本地风土味极浓的裙子，穿在身上，既有现代感，又不乏传统的徽装气息。再来看“马甲”，这是中国各地许多人都喜欢的服装，安徽人也不例外，可是徽味马甲却是另一种风情：有的人常常把马甲穿在有宽宽的袖子、衣长至膝的上衣外面；还有一种把马甲的袖笼夸张得很大，穿在短上衣外面，看上去既潇洒又有韵味。

(二)江南水乡的劳动服饰

“江南”一般指江浙一带，是一个较大的地域范围。江南水乡的劳动服饰主要是指江浙一带广大农村的传统服饰。种田的农民，长衫大褂式的穿着是不适宜的，必须穿短装才便于田间地头的劳作。江南水乡一般都上穿短衫，下穿裤、裙。短衫又分对襟和大襟：男子多穿对襟，衣身为平面型结构，正领，横钉一字扣，五或七颗，以黑、灰颜色为主。女子多穿大襟，斜襟至腋下，领下一横形布扣，肩部大襟上一直形布扣，腋下三只横形布扣。颜色依不同年龄阶段而变化，艳色为未婚女子所喜好，婚后则多穿白、浅蓝、蓝色等素雅色彩，老年妇女则以蓝、灰色为主。

大腰裤是过去江南水乡人们最流行的式样。这种裤腰围特别大，腰部打折以后用布带束腰。大腰裤裤裆宽大，便于起蹲等动作。在浙江绍兴等地还有一种灯笼裤，裤腰裤管特大，因形似灯笼而得名。

裙子是江南水乡妇女最普遍的下装。过去苏州的习俗，妇女不穿裙而见客，哪怕是穿着长裤，也会被看作是大不敬。尤其是农村女子，无论老幼，几乎一年四季都离不了裙子。同样，在江苏省内的其他一些地方，也有类似习俗。《句容县志》曾记述，当地“土民”，“妇女旧皆着腰裙，不着者即被人指责”。有一种较普通的裙子，称“作裙”，取时常穿着它在农田劳作之意。这种裙子制作比较简单，只用前后两幅布，缝边、上腰、钉上带子即成。因其下摆大，穿在身上行动方便。腰带一束，将上衣收紧，冬天可起御寒保暖作用；夏天在作裙内穿条短裤，既雅观大方，又轻便风凉，还可保护皮肤，免遭烈日曝晒、稻叶划伤。如在野外劳动偶遇骤雨，还可将它兜在头上，暂且当作雨具使用。

江南水乡的鞋子也很有特色，遇下雨天，稻农们一般穿水草鞋、箬壳草鞋。还有一种“钉靴”，一般以布做成，用桐油反复涂抹，使水不能浸透；也有用牛皮来制作的。钉靴底下钉上一些塔钉，使其变得耐磨耐穿。绍兴有“三月初三晴，钉靴挂断绳；三月初三雨，钉靴磨断底”的农谚，这说明钉靴是江南水乡较普遍着用的雨靴。苏州也有类似习俗，苏州人以农历九月十三为钉靴生日，要祭钉靴。这一天如果天晴，就有利于稻谷收获，如谚语有“九月十三晴，钉靴挂断绳”、“九月十三晴，不用盖稻亭”等。吴县等地还有一种“耕田鞋”，它是用厚实的粗布制成，鞋帮不但高而且还用细密的针脚缝过，上面连着袜子，一直到膝盖。这主要是预防耕田时蛇虫的叮咬，也可防止脚底被锐物划破。

江南水乡的农民，夏天戴草帽，冬天戴毡帽，雨天戴箬笠。其中以绍兴的乌毡帽最有特色。这种帽子是用羊毛为原料，制作工艺比较复杂：羊在剪毛前几天就要梳洗干净，羊毛剪下后，要将它分类、弹松，摊开压平，经过反复锤炼、上浆、洗置，再制成帽子。这种帽子功用大，既能遮阳避

「绍兴乌毡帽」

雨，防止潮湿；又能隔热保暖，抵御风寒，且牢固耐磨。除了炎天酷暑外，一年四季都能戴。当地有一句顺口溜说道：“冬天戴了热，夏天戴了凉。又可当草帽，又可当笠帽。”人们在田间劳作休息时，还将它用来当坐垫，有时又可将它翻过来盛东西，当包使用。

江南水乡妇女为适应稻作生产的需要，时兴戴“勒子”或包头巾。这样，在田间劳动，头发不会被风吹乱。苏州地区称“勒子”为“鬓角兜”，是由两片状如半月的黑色帽片连结而成。帽片多由黑缎或黑平绒等作面子，红绒布作里子，内夹薄棉絮。勒子戴在头上，前额压住发际，两侧护住耳朵、双鬓，干净利索。

(三)宋锦、云锦和苏绣

论及吴越之地的服饰，不能不提到宋锦、云锦和苏绣，它们均为长江流域服饰文化增辉添色。

> 苏州宋锦，色泽华丽，图案精致，质地坚韧。它与四川蜀锦、南京云锦一起，被誉为我国“三大名锦”。

唐代时，苏州就有土贡八蚕丝绯绫。到了五代，农业生产又有所发展，在苏州丝织品中出现了五彩灿烂的织锦。在虎丘塔、瑞光塔出土文物中就有很多织锦残片，类属云方如意锦。

「明代橘黄地盘涤四季花卉宋锦」

宋朝南渡以后，全国经济重心南移，当时苏州的地位仅次于临安（今杭州），成了南宋时期的政治、经济、文化中心之一，因而丝织业更为发达。宋代每年给官吏分七个等级发给“臣僚袄子锦”以作官服。宋锦还大量用于装裱书画，其种类达40余种，这些古老而美丽的织锦大多与书画同时被保存下来，使后世人们得以一饱眼福。

与宋锦齐名的南京云锦始于元代，盛于明清，是最具南京地方特色的传统丝织工艺品。它以真丝线、真金线为原料，在长5.6米、宽1.4米、高4米的木制大花楼提花机上，运用传统的织造工艺，靠手工织就丝织锦缎。南京云锦因其锦缎色泽瑰丽、美若天上云霞而得名，被称为“中华一绝”。

苏州素称刺绣之乡。这里绣制的衣裳、鞋面等服饰以及被面、枕套等日用品和供观赏的艺术品，绣面平贴，色泽艳丽，浓淡相宜，针脚整齐，疏密有致，圆转自如，不露针迹，富有精细典雅之特色，历来为世人所称道。苏州绣制的和服，在日本深受欢迎。不过，其程序之繁，工期之长，也是罕见的。如要绣一件有凤凰、白鹤、青松图案的女式和服，即使是绣花的佼佼者，也得不停地绣上一两年乃至三四年。

精细典雅的苏绣，与湘绣、蜀绣、粤绣并称为中国四大名绣，历史相当久远，据说文身古俗，还是刺绣的发端呢！又相传三国时东吴丞相赵逵之妹赵夫人擅长刺绣，能在方帛上绣出五岳、河海、城邑和行阵，当时曾有“针绝”之誉。建于五代北宋时期的苏州瑞光塔、虎丘塔都曾出土过苏绣经袱，在针法上已能运用平抢铺针和施针，这是迄今发现的最早的苏绣实物。唐张彦远《历代名画记》说：“吴王（指孙权）赵夫人，善书画，巧妙无双，能于指间以采丝织为龙凤之锦，宫中号为‘机绝’。孙权尝叹魏蜀未平，思得善画者图山川地形。夫人乃进所写江湖九州山岳之势。夫人又于方帛之上，绣作五岳列国地形，时人号为‘针绝’，又以胶续丝发作轻幔，号为‘丝绝’。”

宋以后，苏州刺绣十分兴盛，乡村“家家养蚕，户户刺绣”，城内还出现了绣线巷、滚绣坊、锦绣坊、绣花弄等坊巷。不仅贫家女子以刺绣为生计，而且富家闺秀也往往以刺绣来陶冶情性，或以此消遣时日，所谓“民间绣”、“闺阁绣”、“宫廷绣”的名称也由此而来。自明代以后，苏绣渐渐有了“精、细、雅、洁”的佳评。明代为大量制作戏剧服装，开始出现刺绣加工的场所，苏绣得到了进一步发展。至清代，苏绣更是盛况空前，苏州被称为“绣市”而扬名四海。特别是宫廷的大量需求，豪华富丽的绣品层出不穷。清末民初，著名的苏绣大师沈寿在传统苏绣的基础上大胆创新，使绣制品更加细致、生动、美观。沈寿对苏绣最大的贡献之一，是通过《雪宧绣谱》把散于民间的各种针法技巧、丝理色彩等归集一处，上升为理论，并以文字的形式流传下来。

苏绣以精细典雅著称于世，具有图案秀丽，色彩雅观，线条分明，针法活跃的风格，其工艺技术水平高超。

清代的丁佩所著《绣谱》一书，在论述到苏绣的工艺时，将其概括为平、光、齐、匀、和、顺、细、密八字。平，是指绣面平服，熨贴如画；光，是指光彩夺目，色泽鲜明；齐，是指针脚齐整，轮廓清晰；匀，是指皮头均匀，疏密一致；和，是指色彩调和，浓淡合度；顺，是指丝缕合理，圆转自如；细，是指用针纤巧，绣线细致；密，是指排列紧凑，不露针迹。苏绣之名贵，由此可见一斑。

过去苏绣应用于服饰方面的多为官服行头、凤冠霞帔及剧装绣衣等，平民百姓很难享有。新中国成立后，人民群众越来越多地着用刺绣服装、饰物，且苏绣日用品也日渐增多，如被面、床罩、枕套、靠垫、台毯、手帕等，其中儿童用品尤其多。作为艺术欣赏的刺绣工艺品，更是行销海内外，特别是在国际市场上颇受欢迎。

(四)江浙的传统佩饰

过去，苏州一带男子结婚时，帽子上常见一颗宝石。平时穿的马褂，纽扣多用珊瑚制作。城镇大商人常于胸前挂着金链或翡翠表坠等，乡下妇女富裕者戴金银戒指。

旧时，宁波地区的青年男女为了美观，时兴镶金银牙齿，主要有大包金、嵌金、银牙和嵌银等。女子多戴手镯、戒指、项链及耳环。手镯为玉制、金制或银制。戒指品种很多，有金制、银制，有镶各种翡翠、玉珠的。式样各异，还有一种在戒指上刻有名字的，称之为“名字戒”。孩童多戴银制手镯、脚镯，脖子上挂长命锁，或银制项圈。也有戴海贝壳的，俗称“海宝贝”，有的腰间还佩戴“宝玉”。

民国时期，浙江台州一带的佩饰也很特别。小孩出生7天以后，家中长辈就用一根红线系在新生儿的手腕上，认为这样可以避邪。有的人家还在红线上系银质小铃铛和棒状奶吮，让小孩吸吮，认为这样可以解胎毒。等到小孩满120天后，要抱到外婆家“过门”。初到外婆家要佩以银或铜制的小宝剑，外婆家要为外孙置办银制的小手镯和脚镯。沿海一带的乡民则在小孩手腕上或手镯上系子安贝，这是一种如同虎斑贝的小形贝壳，大小形状类似杨梅核，也有的用于帽坠，认为可以使小孩胆子大并可避鬼邪。

一般人家以银项链或彩线系一个长命锁挂在小孩脖子上。长命锁的两面分别镌以“长命百岁”或“麒麟呈祥”之类的图案。有的人家给调皮或不乖巧的男孩戴上丁香形耳坠，认为可以避邪。但只限于左耳挂一只，佩戴到“上丁”为止，也有一直佩戴到娶亲前夕的。女孩子要等到长大有人提亲，许配给他人后才戴耳坠，耳坠被认作定亲信物。耳坠的质料为金、银或镀金，形状亦如丁香花形，故民间统称各种形态的耳坠为“金丁香”。女子一般要到中年以后才换戴耳环。已婚女子如遇丈夫死亡，均要用苎丝作成丁香花形耳坠佩戴，等到过了“七七”或“大祥”才取下。

玉环海口的女子到了出嫁之日开始佩戴玉镯，并一直佩戴到死。如果玉镯断裂损坏，必须请工匠用银丝或铜丝缕络修复。平时脱下收藏的，要在死时重新戴上并带入棺中作为随葬品。佩戴玉镯的新娘在出嫁的路上如遇到官员，可以不回避；而所遇的官员一般都要下马出轿，拱手肃立，给新娘让路。

(五)苏州女子爱簪花

人说“苏杭出美女”，的确名不虚传。不过，这美女之美，除了天生丽质外，她们绫罗裹身，鲜花饰头，注重服饰的鲜艳，自然更多了几分俏丽。苏州女子的打扮，若要用“花团锦簇”来形容不会过分。她们喜爱簪花的风俗，也为自身平添了几许风采。

苏州女子戴花十分讲究，一是不同的季节戴不同的花，因季节的转换而变化；二是十分挑剔，花的形状要漂亮，花的色彩要鲜艳，花的名称要动听，应带有美好、吉祥的寓意。一般是春天戴玫瑰、木香；夏天戴茉莉、珠兰；秋天戴凤仙、桔花；冬天戴山茶、腊梅。其中尤以玫瑰、茉莉、珠兰最受人们喜爱，价格不菲，都是以朵论价。特别是年轻女子，人人簪花，有的贫家之女，甚至宁可食无肉，不可头无花。从前，苏州的优伶、歌妓、游舫船娘和深阁闺秀，更是一日不可无花，每天都有专人送上带露的鲜花供她们晨妆。这样，花价则是以月计算，俗称“包花”。

最受女人们青睐的是茉莉花。苏州茉莉花洁白如玉，香气高雅浓郁，一年有三季盛开，可供簪戴的时间最长，因此，在苏州，女人们以戴茉莉花为时尚，有一首著名的苏州民歌就叫《好一朵美丽的茉莉花》。姑娘们索性将茉莉花成串地插在钢夹上，别在鬓角旁，黑白相映，秀美典雅；已婚的女子往往在胸前戴上茉莉花球，人俏花香，妩媚顿生。当你走进大街小巷的人流中，闻到那随风飘散的阵阵馨香，不禁心旷神怡。由于苏州女子喜爱簪花，所以苏州文人把女子簪花称作“鬓边香”，真是再恰当不过了。

(六)杭州丝绸甲天下

丝绸被称为“纤维皇后”，它光彩夺目，飘逸轻柔，绮丽华贵，穿着舒适，素来享有“第二皮肤”之美称。

> 中国是丝绸的故乡，中国的丝绸对于世界文明的贡献是极为重大的，其意义可与中国古代四大发明媲美，因而丝绸又有中国的“第五大发明”之说。

说起丝绸，自然使人想到杭州，因为杭州是闻名中外的丝绸之府。早在春秋战国时期，吴国的南疆杭州吴山，即已有蚕丝生产。当时，吴楚两国还曾为了采桑发生过战争呢！《史记·伍子胥列传》记载了这个有趣的历史故事：

在吴国和楚国交界的地方，人们都大兴养蚕。一次，吴国的女子和楚国的女子为了争夺桑叶发生了冲突，此事越闹越大，以至惊动了双方最高统治者。楚平王恼羞成怒，立即兴兵动武，与吴国开战。吴国派公子光伐楚，战胜了楚国，占领了楚国的钟离和居巢。

时至两汉，杭州已经有了自己的丝织品。隋、唐时期，杭州的丝绸生产又有了较大的发展，其中吴绫、白编绫、纹纱等都是贡品，大诗人白居易有诗赞曰：“红袖织绫夸柿蒂”，夸奖的就是当时杭州产的一种织有柿蒂花纹的绫。吴越时期，钱镠王采取“世方喋血以事干戈，我且闭关而修蚕织”治国方针，江南丝绸业一跃成为全国之冠。钱镠王在杭州城内设置官府织绫，仅西府就有锦绫工300余人，可见当时丝织业之繁荣。

「唐代丝织品」

北宋灭亡后，宋皇室南迁杭州（当时称临安），由于北方劳动人民大批南逃，因而将中原先进的织造技术带到了杭州，更加促进了杭州丝织业的全面发展。杭州设立的织造府和织染局，专门管理丝织、印染。与此同时，民间私营丝绸作坊也大量涌现，使丝织业成为当时百业生产之首，一派“都民市女，罗绮如云”的繁华景象。无论是产品的数量，还是产品的质量和风格，都有较大的发展。明、清时期，官府在江宁（南京）、苏州、杭州设有规模巨大的丝织工场，即著名的“江南三织造”（皇家在地方的负责丝绸生产、转运的专设机构），其中杭州的织造府署和织造局，专门为宫廷制造各种丝织品，其生产规模曾超过南京、苏州。而且，民间私营丝绸作坊的规模也在不断扩大，据《经世报》所载，到光绪年间，“就城内言之，织机不下7000张，织工约2800人”，真可谓“机抒之声，比户相闻”。

「江宁织造府遗址」

随着丝织生产的发展和扩大，练染坊也逐渐增多了。当时官府有个法令，规定杭州城外的机户，所织生丝绫绢，照例要进城练熟然后卖出，纳税载运。官府为了保证税收，不许在城外开练坊，这样，自然使城内练坊生产更加紧张而繁忙，且不得不扩大练坊生产规模。不过，由于丝绸商品化生产的扩大，城外练染坊也大为增加，这曾使当时的官员们大为恼火。

由于杭州有着丝绸织造的悠久历史，因而多少年来形成了一些与之相关的民间习俗，进蚕香就是一例。据清代范祖述的《杭俗遗风》记载：“乡下者，下至苏州一省，以及杭嘉湖三府属各乡村民男女，坐航船而来杭州进香……准于看蚕返棹，延有月余之久……其进香，城内则城隍山各庙；城外则天竺及四大丛林。唯行大蜡烛，则天竺一处；城隍庙间有焉。其法：造数十斤大烛，用架装住，两人扛抬，余人和以锣鼓，到庙将大烛燃点即熄，带回以作照蚕之用。”春天的杭州，正是桃红柳绿、百花争艳的时节，远近的蚕农正可以利用这一空闲时间，进城借佛游春，祈求蚕花丰收。茅盾的散文《陌生人》中还描写了这样一种现象：杭州岳坟前跪着秦桧和王氏的铁像。上杭州去烧香的乡下人一定要到“岳老爷坟上”去一趟，却并不为瞻仰忠魂，而为的要去摸一摸跪在那里的王氏的铁奶；据说只要一摸，蚕花便能够茂盛。这真是一种奇怪的习俗。

作为历史上久负盛名的丝绸之府，杭州还流传着许多有关丝绸业的传说和遗迹。在杭州市中心有一条浣纱路，许多年前曾是一条水清如碧的河流。它从涌金桥流出，经开元路拐北，通往武林门入运河。它名为浣纱河，相传西施当年曾在此浣纱，这条河流因此而得名。旧时杭州的机神庙，是丝织工的神殿。机神庙内供奉着丝织业的始祖轩辕氏黄帝，以及黄帝时发明机抒制作衣裳的伯余和杭州丝绸业的鼻祖褚遂良之孙褚载。相传，丝织工把自己丝织技艺的提高、买卖生意的兴隆以及自身的生活保障都寄托在机神身上。所以，每逢春秋两季都要祭祀礼拜。晚上则同行聚餐，演出敬神戏。

「杭州丝绸」

杭州丝绸绮丽轻柔，质量精美，且品种多样，达10多个大类，几千个品种，真可谓绸、缎、绫、罗、锦、纺、绒、绉应有尽有。像柔软的立绒、轻盈的烂花乔其纱、色彩鲜丽的交织花软缎、光滑如镜的素色双丝软缎，都是丝绸家族中的珍品。特别是缎类织物堪称中国古代丝织工人在利用丝的光泽方面最成功的创造。这种织锦缎，是用金黄、淡红、墨绿、天蓝等彩色丝线作纬线，在10~20根经线中变换交织成种种花卉图案、山水景色的锦缎，被人们称赞为美丽的“东方艺术之花”。随着改革开放大潮的波翻浪卷，传统的技艺更加焕发出诱人的魅力，许许多多传统的真丝手绘工艺品普遍受到人们的青睐，设计新颖、做工精细的头巾、被面、服装以及大量的衣料、裙料深受百姓欢迎。如今，每逢春天或夏日，人们都喜爱穿着舒适华丽的丝绸服装。那些在过去曾经作为贡品，或者只有达官贵人才可享用的“奢侈品”，现在已普遍进入了“寻常百姓家”。

（七）海派服饰显风流

上海服饰风格的形成大约始于19世纪中叶，即上海开埠之初。经过几番演进，终为国人所瞩目，并赢得“海派服饰”的美称。特别是现代的上海服饰，发展之快，变化之大，观念之新，更是令人震惊，真可谓“穿在上海”。曾经在相当长的一段时期内，上海服饰不仅成为长江流域服饰的龙头，而且领导着中国服饰发展的潮流，上海的服饰风尚应当是长江下游服饰史上值得大书特书的重要组成篇章。

上海地区有着数千年的历史文化，这从上海古遗址和墓葬出土的文物已可见端倪。古老的上海，同样有着悠久的服饰文化传统。比如佩饰，考古工作者曾从青浦福泉山遗址发现了玉珠、玉球、玉锥、绿松石饰片、坠珠、锥珠、玉项链、玉佩、玉带钩等饰物，其质量之精，工艺之高，在上海考古史上是破天荒的。有不少是国内数一数二的珍品，其中有一串完整的玉坠珠项链，有绿松石珠、鸡骨白玉珠、兽面纹玉管和凹面弧边玉管，中间垂荡着一个玉坠，绿白相间，光洁秀丽。即使在今天，这条项链如果挂在姑娘们的颈脖上，也会熠熠生辉，增添许多光彩。这说明古代的上海先民早已开始了对服饰美的执着追求。

古代上海地区的纺织业建立较早，特别是自从元代黄道婆由海南岛学得先进的纺织技艺，回到家乡改革纺织技术以后，历经元、明、清三朝，上海地区成为全国最大的棉纺织中心。

苏州河以南的松江府，“绫布二物，衣被天下”；苏州河以北不属于松江府的今嘉定、宝山地区，棉纺织同样十分发达。产于松江的“三棱布”(或称“三纱布”)，纺织细密，质地优良，很受人们的青睐，连明代弘治以前皇帝所穿的贴身内衣，都是用三棱布制成的。以创始人松江女子丁氏命名的“丁娘子布”（又称“飞花布”）也是很有名气，清初著名文人朱彝尊称赞它“晒却浑如飞瀑悬，看来只讶神云活”。这种布纱细、工良、光洁、细软，成为人们制作服装的上好衣料。除此以外，还有如“精线绫”、“药斑布”、“紫花布”、“兼丝布”、“斜纹布”、“棋花布”、“云布”、“红纱官布”等，都以其精美无比而称绝于一时，为远近所争相购买。

顾绣是古代上海地区对于长江流域服饰文化的另一贡献。

明朝嘉靖时期，顾名世一家擅长刺绣，其技法和风格独特，尤其是顾名世的孙媳，善画工绣，摹绣古今名画，尤为传神。顾氏后代，继承家传绣法，并收徒传艺，使其发扬光大，传播开来，深受人们的喜爱，被称为“顾绣”。

因顾氏家族居住上海九亩地的“露香园”，故亦名之为“露香园绣”。顾绣成品有“用线细，行针密，色彩丰富，不留针痕迹”之誉，所绣人物、花、鸟栩栩如生，“尺幅之素，精者值银几两，全幅高大者，不啻数金”，一时“震溢天下”，为人称绝。

「顾绣作品」

古代的上海地区，在衣料生产和刺绣上捷足先登，产生了较大的影响。进入近代以后，上海人在穿着打扮上又独领风骚。“人人都学上海样，学来学去学不像，等到学到三分像，上海已经变了样。”这是20世纪三四十年代流行于世的歌谣，形象地反映出上海在当时的服装界占有多么显要的领先地位。当时的上海无疑是“时髦”的代名词，上海时髦服饰时尚自然也成为全国模仿的样板。

众所周知，西服、中山装、新式旗袍，它们应算是20世纪中国最具代表意义的服装，而它们恰好又都始于上海。

当年，随着大批西方人来华和留学生从海外归来，西服热在上海逐渐兴起。最初，外国商人在东百老汇路和南京路外滩一带开设西服店，随即上海的裁缝师傅学会了西服缝纫方法，开始制作西服，并因此而产生一支以精于制作西服而闻名的“红帮”裁缝队伍。说起这“红帮”裁缝的来历，民间有一些不同的说法和解释，其中较为流行的一种是：20世纪二三十年代，上海居住着一大批来自欧美的外国人，这些蓝眼睛、红头发的外国人，被人戏谑地称为“红毛人”，而那些专门为红毛人做时装的裁缝就被称为“红帮裁缝”。又据说当时上海为外国人制作西服的以浙江奉化人居多，曾有资料表明，旧时上海大马路（今南京路）开设的8家西服店中，就有5家为奉化人所开，以后发展到近50家，形成了奉帮裁缝独占十里洋场的强大势头，红帮裁缝的“罗派”服装（即俄国式西装），素以工艺精湛著称，具有肩头平服、束腰得体、穿着壮美的效果。由于旧时上海洋行买办众多，一些就职人员、富豪子弟以着西服为时尚，使西服很快在民众中流行起来，并流传开去，从而改变了中式衫裤、长袍马褂一统天下的局面。

第一套中山装是在上海诞生的。1911年底辛亥革命胜利，孙中山回国，曾在位于南京东路西藏路口的“荣昌祥呢绒西服号”定制过几套西服，很是满意。有一次，他带来一套日本陆军士官服，要求以此为衣样，依照他的意图，做一套直翻领有袋盖的四贴袋服装。袋盖做成倒山字形笔架式，称为笔架盖，并系5颗纽扣，象征五权宪法。孙中山试穿后，认为该服装简朴庄重，大加赞赏，并以此定型。后来，这种式样的服装被称为中山装。

「民国时期服饰」

20世纪20年代初，上海产生了新式旗袍。最先只是一批青年女学生穿，紧接着其他女子争相仿效，进而一时风行，并影响全国，尔后还流传到国外。

20世纪50年代初，人们在新政权的

感召下，追求朴素而富有生气的服饰，布制的人民装、列宁装、俄罗斯裙时髦起来。1956 年春，在共青团中央和全国妇联的倡导下，为了丰富和美化人民的衣着打扮，上海服装行业积极行动起来，进行服装设计，举办展销活动，服装事业获得了长足的发展，人们的穿着丰富多样。夏季有各种款式的短裙、连衣裙，有多种花色的衬衣、旗袍，有秀丽的刺绣服装；春秋有青年装、两用衫、茄克衫、西装；冬天有中西缎子布棉袄、长毛绒大衣、皮猎装、派克风雪大衣等，新款新式不断出现，各色品牌不一而足，显得五彩缤纷，令人眼花缭乱。

「 文革时期服饰 」

"文革"十年，受极"左"思潮的影响，上海的服饰文化同样难免被封杀，人们的服装陷入了前所未有的单调和沉闷："老三色"（蓝、白、黑），"老三装"（中山装、青年装、军便装）一统天下，其他花色款式统统被贬为"奇装异服"，都是"封、资、修"。

人为的禁锢哪能长久！改革开放的春风一经吹起，人们思想上的牢笼迅速被冲破，上海的服饰文化再度大放彩：西服热、茄克热、羊毛衫热、牛仔服热、羽绒服热……热潮一个连着一个。与此同时，烫发热、美容热、首饰热、绣品热、时装表演热也相继涌现。近些年来，人们在服饰方面又越来越注重表现自我，尽量地体现出个性。到如今，"穿什么由自己决定"成了人们共同的理念。

长江流域服饰的民族风情

长江流域居住着30多个民族，该地区服饰之所以风格多样，情调各异，一个至关重要的缘由，就是与祖祖辈辈休养生息在这里的各民族人民赖以生存的自然环境、所采取的生活方式，以及各民族的风俗习惯和文化传承息息相关。

中国是一个多民族的国家，由56个民族组成一个大家庭。在这个大家庭中，每个民族都有自己灿烂而悠久的服饰文化传统，风格各异的服饰，正是本民族区别于其他民族的一个重要标志。在由56个民族组成的中华大家庭中，就有30多个民族居住在长江流域。如果把这些民族的服饰陈列在一起，令人仿佛走进了一座美不胜收的民族文化宫。它们所表现的千姿百态、丰富多彩的不同风情，当会使人心旷神怡。它们或清丽，或古朴，或凝重，或典雅，或粗犷，或平实，或繁复，或简洁，其风格的多样化大大超过黄河流域及北方的其他地区。之所以如此，是由于长江流域少数民族比其他区域多，而且生活环境的自然条件及经济形态更多样化，因而表现在服饰上，就更为绚丽而多姿。

藏族服饰

藏族人民世居西南边陲，地处长江上游，分布面积广阔，生存环境复杂，聚居地以西藏地区为主，其余则广布于青海、四川、云南、甘肃等省(区)。复杂的生存环境，自然形成了藏民服饰上的差异。不过，差别虽大，但藏族服饰的基本结构和形制却大致相同。无论是农区还是牧区，藏族男子的主要衣服都是一件大领的、开右襟的长袍。袖筒长出手面10~13厘米，下摆长出脚面7~10厘米，一般没有纽扣，穿时将衣领顶在头上，腰束长带，然后伸出头来，衣服就自然缩到膝胫之间，胸下凸起，形成口袋，日常用品如木碗、小糌粑袋、酥油盒或其他零星用品，可置于其中。晚间睡觉时，把腰带解开，长袍盖住全身，又起到被子作用，因此，一般藏民出门不携带行李。藏族这种长袖宽腰、大襟、肥大的长袍，与藏民迁徙流动的游牧生活十分适应，即所谓“作息一袭衣”。

藏民在衣着上还有一个普遍的的习惯，就是喜欢把右臂袒露出来。右臂袒露，右袖拖在臂后，或扎在腰带上。

这一有趣的习惯，据说是模仿释迦牟尼，当时释迦牟尼传法时是袒露右臂的。除了宗教的解释之外，袒露右臂对于劳作比较方便。有时，如劳动时间较长，两臂往往都袒露在外，两袖对系在腰后。同时，这一习惯也是针对藏区的“长冬无夏、春去秋来”的气候所表现出的灵活的适应性。当气温上升时，着装人脱出一个臂膀，甚至双臂露出，以便散热。久而久之，其实用功能便转化成了特有的着装风范，也成为识别藏服的鲜明标志，以致这种服饰结构和形式几千年来基本上没有变化。

藏族服饰的形制虽然都是长袍，但档次却有差别。较为高档的长袍为褐衫，藏族称“丑拉”，都是用加翠毛氆氇制作，衣边上镶缀水獭皮、库锦、金宝等绸缎，色泽艳丽。男式加翠褐衫，衣领为装裟式，右襟用铜扣、布扣扣扎，腰间系以粉红或果绿色绸腰带。其形制和穿着方式与腰佩的藏刀、足上的藏靴、头戴的库锦狐皮帽协调配套，相映生辉，显露出粗犷旷达之气概，生发出俊逸热烈之风貌。女式褐衫衣领为中式高领，腰身肥大，右开襟，下摆前后长短一样，扎腰后，下摆长及脚背。由于褐衫长袖过膝，所以，在能歌善舞的藏民中，它成了身体的延长部分，使舞蹈者形体所覆盖的空间被扩展，其热烈奔放的情绪借助衣袖弥散开来，勾魂摄魄，散发出梦幻般的魅力。

「 羊皮藏袍 」

藏族长袍的装饰也多种多样，如卫藏地区的牧区男子穿的长袍多镶以宽大的黑边，有的是提花皮面，这一般是逢节日盛会穿着。妇女的皮袄在领子、袖口、下摆上滚有红、黑、绿三色宽边。有的装饰还别出心裁，在袍边镶 5~7 条宽大的、色彩对比强烈的彩条，艳丽夺目。安多哇区男子长袍的边饰很有特点，以金钱豹皮为饰。传说这是吐蕃王朝的军旅习俗，为奖励在战场上英勇杀敌的勇士，军队首领将虎豹皮斜披

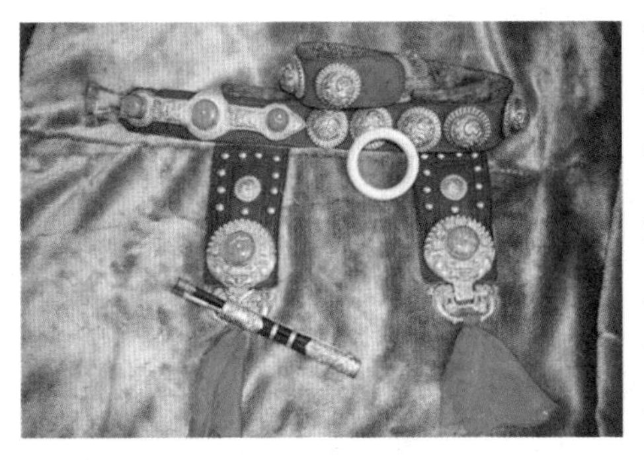

「 藏袍上的配饰 」

于肩上，作为战功的标志，其后便演化为服饰的装饰部分而代代流传。后来，虎豹皮难以获得，人们便以水獭皮取而代之，成为高贵和身份的标识。安多哇妇女的服饰比男子的更为考究，边饰除水獭皮外，还饰锦缎等物。康巴地区更是因地而异，呈现出多维的地方特点。流传至今的一首古老的民歌这样唱道：

我虽不是昌都人，昌都装饰我知道，
昌都装饰要我讲，镶银皮带腰间套。

我虽不是贡觉人，贡觉装饰我知道，
贡觉装饰要我讲，三串项珠胸前吊。

我虽不是德格人，德格装饰我知道，
德格装饰要我讲，头顶珊瑚闪光耀。

我虽不是康定人，康定装饰我知道，
康定装饰要我讲，红丝头绳头上抛。

我虽不是霍柯人，霍柯装饰我知道，
霍柯装饰要我讲，彩虹绸带腰际飘。

我虽不是理塘人，理塘装饰我知道，
理塘装饰要我讲，大小银盘发上套。

我虽不是巴塘人，巴塘装饰我知道，
巴塘装饰要我讲，银丝须于额上交。

我虽不是盐井人，盐井装饰我知道，
盐井装饰要我讲，红绸风帕头上包。

对于康巴地区不同地点的藏族服饰，这首民歌用极其简单朴素的语言来区别典型装饰部位及其装饰特点。

藏族服饰另一颇具特色的标志是藏靴。藏靴的样式各异，名目繁多。牧民的长靴，皆为直楦，不分左右脚，适宜于夜间护理畜群的放牧生活。若按制作材料划分，藏靴大体有三种：全牛皮藏靴、条绒腰藏靴和毛棉花氆氇腰箕巴藏靴。无男女之分，仅有长短腰、单棉之别。在全牛皮藏靴和条绒腰藏靴的头部均有“十”字形，用绿股子皮镶嵌三道夹缝，十分美观。特别是全牛皮藏靴，对牧区生活尤为适宜，行走时不沾沙，且坚固耐磨，显得干净利落。条绒腰藏靴更适合于老年男女穿着，而箕巴藏靴则靴腰长及膝，靴头用黑牛皮包裹，脚趾处鼓起一个角，和船形靴底相互呼应，造型奇特，恰似古代战场上将军的战靴。

藏族妇女最有特色的头饰是“巴珠”，尤以宝石或珊瑚做的“巴珠”最为贵重，姑娘们第一次戴上“巴珠”，是她人生角色转换的标志，意味着这姑娘已长大成人了。

按照传统习俗，第一次戴“巴珠”时，家长还得为姑娘举行一定的仪式，以示祝贺。

藏族很注重装饰佩戴，这也与其价值观念有关。藏族对财富的拥有，除了表现在修房造屋（农区）、牛羊的数量（牧区）等以外，特别看重穿着打扮，尤其重视节日、婚嫁时穿戴的服饰。通常一套像样的衣服加上装饰品，需要祖祖辈辈克勤克俭，几代人的积攒。盛装时，头饰、发饰、髻饰、耳环、项链、胸饰、腰饰、戒指等一应俱全，可谓缤纷多彩。各种装饰品，不仅做工精美，而且大多是金银珠宝之类的贵重物品，诸如玛瑙、珊瑚乃至九眼珠等。它们和服装相得益彰，自然为藏族服饰增添了不少神奇的色彩。

「头戴“巴珠”的藏族少女」

彝族服饰

彝族是一个历史悠久、人口众多、分布广泛的民族，600多万人口，主要分布在四川、云南、贵州、广西4省（区）。分布于各省（区）的彝族服饰，其造型式样因地而异，纷繁多变。仅以男裤而言，就分大、中、小三种类型：操义诺方言的男子穿着称之为“大裤脚”的肥大裤，操圣乍方言的男子穿着称之为“中裤脚”的均匀裤，操所地方言的男子穿着称之为“小裤脚”的瘦小裤。在大凉山地区，男女服饰又可依据男子裤脚的大小分为美姑式、喜德式和布拖式三大种类。

以大裤脚为特点的美姑式服饰，其形制为：姑娘们的上衣是右衽大襟衬衫，长及膝，两袖宽松；在其襟边、肩部及袖口上饰以花纹和彩布。中年服则在青布条上镶嵌红、蓝等色布为边。衬衫外为罩衣，罩衣较短，仅及脐，青色，胸襟和领口处饰以各种纹饰。女上衣还有坎肩，长至膝，对襟无扣，布面毡里，以浑厚古朴之特点与罩衣的艳丽形成鲜明的对比。妇女下衣为百褶裙，以白裙和彩裙为主，色调和谐，美观大方。男子上衣为棉布制成，右衽大襟，青、蓝色，样式简洁而朴实。

以中裤脚为特点的喜德式服饰，女子上衣也是3件式：衬衫、罩衣和坎肩。衬衫很宽大，长及大腿，袖口窄小，在前臂、胸襟、下摆处有几何形状纹饰。坎肩的袖笼、衣边镶嵌着白色的兔毛，晶空华美，独具情韵。妇女下衣也是裙子，但不同年龄阶段又各有特点，变化多端。女子服饰的配色，有着亮丽鲜艳的特点，红、绿、黄、橙、蓝等色为姑娘们所喜爱，中年女子衣着的配色要显得淡雅、单纯一些，而老年妇女则完全是素色。男子上衣与美姑式服饰没有多大区别，但是，老年人的夹袄却显得很特别，有两个款式：一为大袖长襟短袄，一为毡里短袖

「彝族服饰展演」

长袄。看上去结构简单，造型随意，给人以朴素大方的观感。

以小裤脚为特征的布拖式服饰，妇女的衬衫长短尺度差别极大，长可至踝部，短仅及胯部。其袖部一般较窄，前胸、两肩、背部及袖口处镶贴青色布条并加饰黄红牙边。短袖罩衣亦长短不定，长至胯，短到脐，而前后的竖开衩则表现了它的鲜明的个性。女子上衣还有一种披褂式，有两种造型式样：一种叫毡披褂，对襟无扣，袖笼极小，只披不穿；一种是对襟长褂，袖短而窄，腰摆大、领窝小，用毛毡缝制，为御寒之物。女子百褶裙自成特色：样式为喇叭状，中段用红毛布缝制，下段用红、白、黑、蓝等色细布条组合，整体上十分协调，显得既稳重朴实，又轻盈潇洒，纯羊毛的材料更使它质地高雅纯美。男子服饰上衣紧小，短至脐下，扣绊特长，以露腰为美。这种紧小的上衣，配以吊裆小裤脚长裤，再加上与之配套的黑或白的羊毛披毡，使男子显得更为英武俊逸，矫健潇洒。

「彝族男装」

云南彝族妇女都喜爱戴一种帽子——鸡冠帽。这种帽子式样特别，是用布剪成公鸡形状，其上或镶以许多颗银泡，或镶上数颗铝泡，有的还缀以各种纽扣和彩穗，有的则用丝线绣花。这种习俗的形成，据说是出于彝族人民对一对男女青年与魔王斗争赢得美满姻缘的怀念。

「头戴鸡冠帽的彝族少女」

相传，在古老时代，云南一个小山村里，住着两户人家。一家有个姑娘，长得像山花一样漂亮，聪明伶俐，活泼可爱。另一家有个小伙子，长得像金竹般英俊，勤劳勇敢，诚实可亲。他们俩从小时候起，就一同玩耍一同放牛。长大后，各家干各家的农活，在一块儿的时间少了，就约定经常在村边的林子里相会。后来，他们相会的事被林中的魔王发现了，厄运也随之而来。因为魔王见了年轻漂亮的姑娘，顿时起了歹心，想抢走她。小伙子见状，怒不可遏，便与魔王打斗起来。可是，小伙子哪里是魔王的对手，三下两下就被打得遍体鳞伤。为了占有美丽的的姑娘，魔王竟把小伙子杀害了。

柔弱无助的姑娘被魔王抢到深山老林，整天以泪洗面，好不伤心。她哪里甘心被恶魔侮辱？总在想着出逃的法子。机会终于来了，在一个风清月明的夜里，趁着魔王酒醉酣睡之际，她匆匆逃离魔掌。没料到，醒来的魔王发现姑娘不在身边，知道她一定是往回逃跑了，立即紧追不舍。当姑娘逃跑到一条靠近山寨的路边，突然传来山寨里的鸡叫声，这可帮了姑娘的大忙。原来，魔王听到鸡叫声，知道前面有人家，心里十分害怕，就不敢再往前追赶，姑娘终于逃出了魔掌。

后来，姑娘想到被杀害了的恋人，要去把他的尸体掩埋起来，但又怕魔王再来纠缠，说不定会再次落入魔掌。怎么办呢？左思右想，终于有了主意。姑娘得知魔王害怕公鸡，便抱着一只公鸡来到小伙子被害的地方。当公鸡“喔喔”啼叫后，小伙子竟奇迹般地慢慢苏醒过来，这一下子可把姑娘高兴得跳了起来。最后，他们终于结为夫妻，过上了幸福美满的日子。

一对相亲相爱的彝族青年的传奇故事，寄托了彝族人民对幸福生活的向往和追求。因此，彝族人民认为公鸡能给人们消除灾难，带来幸福，就制作鸡冠帽戴在头上，让英雄永远陪伴着姑娘，使生活美满、幸福而长久。

羌族服饰

羌族是我们祖国大家庭中的一个历史悠久且迁徙频繁的古老民族。主要居住在四川省阿坝藏族羌族自治州的茂县、汶川等羌族自治县，其余散居于汶川、理县、黑水、松潘等地。羌族分布的地区，峰峦重叠，河川纵横。

历史传统的复杂性和居处环境的特殊性，使得羌族的衣着装饰既有游牧文化的痕迹，又呈现出农耕文化的色彩。

羌族服饰虽然受汉藏两族的影响很大，但仍有其民族特点，丰富而不失平实，雅丽而不失质朴。

过去，由于较长时期受自给自足经济的束缚，羌族的衣食住行等方面的生活资料基本上是自己解决，不依靠贸易。所以，男女服饰的样式大体相同，无论冬夏都穿自织的厚麻布长衫，男衫长至膝盖以下，女衫长及足踝，冬天外穿山羊皮褂或羊皮背心。还穿一种用棕黑色（本色）牛、羊毛捻织成“毪子”做成的衣褂，叫做“毪子褂”，长130~160厘米，质地粗厚而温和，穿在身上遇小雨小雪不湿身，可作背东西的垫背，也可用于垫坐，甚至还可当作被子供睡觉用。

「羌族人民日常生活服饰」

羌族女子的衣衫一般都绣有美丽的花边，衣领上镶有一排梅花形银饰，腰系绣花围裙和绣花飘带。羌族男女不兴穿袜，喜好打白麻布或羊毛毪子的裹腿，男子打赤脚或着“麻窝子”草鞋。羌民很少有戴帽子的，无论男女都习惯缠头帕，或黑头帕，或白头帕，用土布长约4米或8米做成，尤以白头帕居多。

在羌民中，不论男女，都爱穿一种状如小船的鞋子，此鞋前尖微翘，鞋帮上绣有水波状、云朵状纹饰，人称“云云鞋”。这可是羌族服饰的又一典型特色。在滔滔的岷江岸边，曾经流传着这样一首悠悠羌人情歌：

送哥一双云云鞋，千针万线手上来。
彩云朵朵脚下滚，两颗心花一齐开。
隔山隔水隔匹崖，郎送戒指妹送鞋。
郎送戒指要钱买，妹送花鞋手上来。

「云云鞋」

当你听到这优美动听的歌声，自然会禁不住赞叹羌族少女那纯真无瑕的美好心灵。是啊，这一双双美妙绝伦的“云云鞋”，是羌族妇女们飞针走线的艺术结晶，同时也是她们表达纯洁爱情的信物。

提起“云云鞋”，还有一段不平凡的来历。据说在很久很久以前，羌族人刚从大西北迁移到岷江上游不久，就同戈基人展开了一场激战。眼看立足未稳的羌族人快要败下阵来，突然，见天神立在祥云之上，手一挥，甩下了一双布鞋，指着羌民说：“如果你们有人能在天亮以前，在鞋面上绣出四朵五色的彩云，我就可以帮助你们转败为胜。”得到天神赐予的机会，羌民们喜出望外，立即找来了一位心灵手巧的姑娘，赶在天亮以前绣出了一双美丽的鞋子，并亲自穿着这双鞋，飞上天去，在天神的帮助下，用白石头打败了强悍的戈基人。从此，羌族人才得以在岷江上游安居下来。难怪羌族人对“云云鞋”情有独钟，原来它曾帮助自己的祖先摆脱巨大的灾难，带来了安定和幸福。

多少年来，在羌寨都保持着传统习俗：每当姑娘爱上一个男子时，她便会悄悄地精心制作一双“云云鞋”，等待时机，把它送到心上人的手中，作为定情的珍贵信物。结婚时，在办了“居赫喜”的第二天早晨，铁炮三响，新娘穿上红嫁衣、“云云鞋”，舅父给她披上红绸，由迎亲的人接往婆家。新郎则穿上新衣服和新娘送的“云云鞋”，等候在寨子门口，迎接新娘的到来。由此可见“云云鞋”在羌民心目中的重要地位。

「羌族少女服饰」

苗族服饰

苗族是一个人口较多、历史悠久的民族，其先民据说是尧舜时代三苗的一部分，他们繁衍生息于黄河流域、长江中游地区。至秦汉时则聚居在湘西、黔东这个被称作“五溪”的地方。后来，由于历史原因，这种聚居状态很快被他们大大小小的迁徙活动所打破，形成了大分散、小聚居的分布状态，主要居住在贵州、云南、湖南、四川、重庆等省市，还有少数生活在广西、湖北、海南的部分地区。由于分布广泛，生活环境各异，苗族内部社会历史、经济、文化发展不平衡，故表现在语言、习俗、衣食、居住等方面呈多样性特点，特别是纷繁的苗族服饰，更是如同异彩纷呈的百花园。那繁复多变的结构款式、缤纷多彩的装饰纹样、华丽精巧的银器佩饰、形态各异的造型风格，足以使世人赞叹不已。

「苗族服饰」

苗族服饰的式样之多、纹样之美、头饰之奇、佩饰之广，构成了其色彩斑斓、千姿百态的总体特征，这一点在我国56个民族中是十分突出的，可谓独树一帜。

为什么苗族服饰多式多样呢？在苗族的历史文化长河中就流淌着一些与之相关的故事和传说。

有一则传说讲，苗家的祖先原本居住在黄河中下游一带，起初生活倒还安定，后来由于遭受连年不断的灾害，日子渐渐苦了起来。得想想法子才行啊！先祖七老商量来商量去，决定迁往南方，到长江边去定居。为了把故乡带不走而又舍不得的花鸟鱼虫带走，姑娘们日夜辛苦劳作，把故乡的花、草、树、虫、鸟等全部绣在一块很长很宽的布上。到了南方，七老各带一支人，分别住在不同的地方。为了便于日后联系相聚，便将那块绣满了故乡一草一木和花鸟虫鱼的布剪成了七块，每支人各存一块，并相约13年一次的“吃牯脏”再来聚会欢庆。此后，各支苗族按分到的绣花布剪裁衣服，用各自喜欢的式样来装扮自己，就这样形成了不同的服饰。

在苗族聚居的一些地方还流传着另一种说法：

很久以前，苗族穿着打扮很简单，所有的人都只有一种装束，只有一样服饰。人们日出而作，日落而息，生活倒也安定。可是，过了一代又一代，人口逐渐增多，再呆在同一块土地上，缺吃少穿，日子就一天比一天难过了，于是，他们商议决定再找更宽大更富饶的地方安身立命。走呀走，来到一个叫“条溪”的地方，有人提议，不能都在一起，要分头行动。他们在那里埋了一块大石头作为记号，然后各自去寻找生路，并约定13年来此地聚会一次。

转眼间过了13年，各路都生养了很多子孙。相聚的日子里是热闹的，人们在一起欢歌笑语，手舞足蹈。可是，麻烦的事情也来了，有两位老公公就其中几个子孙争执起来。一个说：“这个是我的孙子！”一个说：“那个是我的孙子！”争来扯去，没完没了，始终无法断定，最后竟动手打了起来。“这可如何是好呢？”大家看到闹出了事，都很着急。其中有一位德高望重的老者提议，把大家召集到一起商量个办法来，免得日后更扯不清了。经过商议，最后作了一个规定：以后各路苗族各制一种衣服，各定一种打扮，用不同的穿着装束来分辨各自的子孙。众人认为这个办法好，纷纷为设计本路苗族的服饰出计献策。

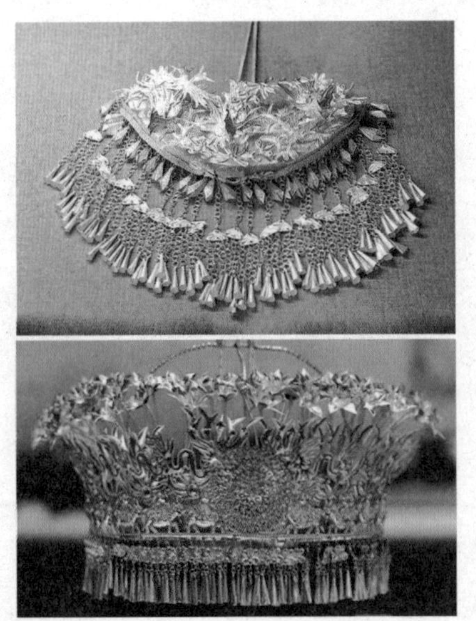

「美轮美奂的苗族饰品」

后来，那些往平地迁徙、安居的人们，裙子

做得很长；那些往高坡迁徙、谋生的人们，为了爬坡方便，就把裙子做短了；那些往不平不陡、不高不矮的地方迁徙、生活的人们，就穿一种说短不短、说长不长的裙子，并且在裙子的花色上，在上衣的领、袖、襟、摆等部位的结构和式样上，都各有特征。从此以后，每逢相会，就分得清清楚楚，不再发生相争的事情了。

「湘西苗族妇女盛装」

苗族服饰虽然多种多样，但它们还是有共同之点，如男子蓄发包头巾，上装无领，大袖筒，宽裤脚，以腰带束身；女子头顶束髻，包头巾，戴手锏、耳环和项圈，穿裙子。

银饰是苗族最重要的金属装饰品，在苗族服饰中占有重要地位。苗族服饰少不了银饰，特别是盛装，更是以多为美，以重为贵。银饰不仅是苗族人民审美情趣的独特表现形式，而且成为苗族财富和地位的象征。

白族服饰

白族在历史上曾自称“白子”、“白尼”，汉语意为“白人”。1956 年，根据白族人民的意愿，正式定名为白族。

白族约有 150 万人，主要聚居在云南大理白族自治州，其他散居在昆明、元江、南华、丽江等地。另外，四川西昌、贵州毕节等地也有少数白族人散居。白族居住地区西部有澜沧江、怒江横贯南北，东部有金沙江纵横东西，苍山、洱海则更使白族人引以为自豪。肥沃的土地和适宜的气候，使白族得以创造自身悠久的文化，而作为重要标志之一的服饰，自然具有其鲜明的民族特征，那就是美观大方、淳穆朴实。

「白族男子头饰」

白族男子的服饰各地大致相同，上衣为白色对襟衣或黑领褂，下着白色或蓝色长筒裤，头饰一般缠白色或蓝色包头。外出时，常背一个图案美丽的挂包，有的还喜爱佩挂一把长刀。盛装上衣或为对襟短衣，或为绣花边坎肩；下衣或为“镂空”形彩裤，或为蓝色至膝短裤。头饰花帽，帽上挂满银色珠球，其上缀各色绒球。个别地方的白族男子服饰是另一番情景，如碧江四区一带的白族人，男子上穿对襟衣，外面套上一件长度过膝白麻布带蓝格的坎肩，下穿肥大短裤。有的还喜欢佩戴数串彩色项珠。海东的青年男子除了缠裹白、蓝或黑色包头布外，还有戴瓜皮帽的。他们有的穿“三滴水”。

所谓“三滴水”，即是在短大襟上衣外面套上皮领褂，麂皮领褂外面再套上几件布质或绸质领褂。

白族妇女的服饰更富有民族特色，花色式样更多一些，且因居住地域不同而风格各异。大理地区的白族妇女多用绣花布或彩色毛巾缠头，穿白色上衣，外套黑色丝绒领褂，下穿蓝布裤，色彩对比鲜明。姑娘们一般戴小帽或垂辫，多用绣花布或彩色毛巾缠头，围腰上绣各种各样的图案。妇女则盘辫于顶，围腰下摆的边缘大多绣上几何状图案。在剑川一带，白族姑娘过去是将长辫盘在头上，现在有了变化，更喜欢剪短发，妇女都裹黑包头。衣裤一般都用蓝色布料制作，并有披羊皮披肩的习惯。元江的中、老年妇女普遍戴三角帽。这种三角帽实际上是一块三角巾，用两层布缝成。正面用青布，背面用蓝布，戴在头上两个较短的角刚好齐下巴，钉上扣子就可以扣起来，较长的一个角则拖在背后。碧江女子头戴镶有海贝的花圈帽，身系缀 10 余串彩色珠子的绣花围裙。还有一个特别之处，就是男女老幼都在自制的长衫的袖肘上和胸襟、肩背等处缝上一块黑布，据说这是为了使人们不忘记自己的祖先，含有纪念祖先的意味。

白族妇女的头饰风格比较突出的要数洱源的凤羽、邓川一带，该地区的很多白族姑娘都喜爱戴美丽的凤凰帽。凤凰帽的形状是用两瓣鱼尾形的帽帮缝合成凤凰鸟一般的帽身，帽后檐有6厘米长稍稍向上翘的帽尾，帽前檐正中有一大颗红光闪闪、白银镶边的帽花，帽花边满缀着白银绿玉的饰器。这些饰器五光十色，银的雪亮，玉的绿莹，特别抢眼。帽侧还挂有红、白色的彩带，走动时飘逸自如，显得非常漂亮。这是白族姑娘很珍爱的一种服饰。

「白族服饰」

说起凤凰帽，在白族还流传着一个美丽动人的故事。

相传，在很久很久以前，洱源凤羽坝后召的罗坪山上，有个地方叫彩凤峰。每到秋天，各色各样的鸟雀，从四面八方飞来，五彩缤纷，成千上万，数也数不清。那个热闹的样子，就像大理苍山脚下的“蝴蝶会”、洱海边上的“三月街”。彩凤峰是凤凰的家乡，每年秋天百鸟都来朝凤。在彩凤峰脚下，居住着两个勤劳美丽的白族姑娘，因父母早逝，姐妹俩相依为命，靠种荞和砍柴过日子。一天，两姐妹上山打柴迷了路，转来转去，竟来到一座山峰上。这里满是红花绿叶，一片金光闪闪，眼前孔雀正在开屏，耳听百鸟欢歌，两个姑娘好像进入了仙境。正在她们如痴如醉的时候，一只漂亮的金凤凰飞到面前，送给姐姐一顶金凤凰帽，送给妹妹一顶银凤凰帽。然后带着她们下了山。

没过几天，国王来到彩凤峰脚下打猎，看见一个戴金凤凰帽的姑娘在种地，顿时感到眼前一亮，不禁惊喜万分。心想，世人都说凤凰美，凤凰怎比得上这个姑娘美。想着想着，就动起了歪心思，要把姑娘娶进王宫做皇后，但又怕姑娘不同意。于是，他一下狠心，收起猎具，命令随从的卫士，像饿狼叼绵羊一样，把姑娘抢走了。进了王宫，姑娘哪里肯从，结果被逼而死。得知这一消息，悲愤万分的妹妹下定决心要为姐姐报仇。她戴上银光晃动的银凤凰帽，带着干粮，艰难跋涉，来到都城，闯进王宫，指名要见国王。国王走出来一瞧，傻了眼，妹妹比姐姐长得还要漂亮，心里更馋了。国王花言巧语，要娶她为皇后，让她过上荣华富贵的生活。妹妹一心为姐姐报仇，就强压住怒火，隐忍着悲伤，假装答应了。在国王举行的盛大婚典上，趁给国王敬交杯酒的机会，妹妹悄悄把毒药放进了酒里，把国王给毒死了，终于为姐姐报了仇，为民除了害。可是，机智、勇敢的妹妹也因此被大臣杀死了。

为了纪念惨遭杀害的两姐妹，人们学做凤凰帽，姑娘们爱戴凤凰帽，因为它象征着白族女子淳朴善良、勤劳勇敢、纯洁美丽、忠贞不渝的高尚品格。

土家族服饰

在鄂西、湘西一带以及四川酉阳、秀山等地，聚居着土家族人。巍峨的武陵山，纵横交错的酉水、澧水、清江，密布的森林，温和的气候，得天独厚的自然地理环境使得土家族创造了本民族独特的服饰文化。很早以前，土家族男女服饰不分，都穿对胸上衣和绣有花边的裙。稍有区别的是，男裙较短，少花边；女裙较长，多花边。到清代“改土归流”时，官方禁止穿裙，男女一律改穿长裤。但是，千百年来形成的民族服饰风俗习惯不是人为制止或改变得了的。尽管土家族较早地接受了汉文化的影响，其服饰逐渐汉化，但仍明显地保留着一些本民族的特点。妇女一般上穿无领左衽宽松大褂，滚两三道花边，内有丝质小边，衣服袖子又短又肥；下穿八幅罗裙，裙上绣有花纹图案，有的妇女喜欢穿青、蓝、绿等颜色的裤子，上有白色裤腰，裤脚通常是蓝底加青边，或青底加蓝边，后边再贴三条宽度不同的梅花条。头发挽髻，戴帽或者用黑布缠头，喜欢戴耳环。有的还戴项圈、手圈、足圈等银饰。有的妇女喜欢穿花鞋。土家族妇女服饰显示出

「土家族男装」

南方山区妇女特有的风姿。土家族男子服饰因年龄不同而有所区别，年轻男子穿对襟短衣，扣子既密且多。老年人穿有领的大襟衣。小孩戴菩萨帽，帽上钉有十八罗汉，中间有一大菩萨。过去土家族穿的衣料多为自织自染的土布，史书上称为“溪布”、“峒布”，有的地方多穿麻布。

说到土家族服饰，不能忽视久负盛名的土家族织锦——西兰卡普。

“西兰卡普”是一种反挑花，穿织过面，花出现在反面。以繁缛为特征的土家族织锦，纹样繁多，美不胜收；艳丽的色彩，精湛的做工，不禁使人叫绝称妙。

土家族织锦以繁缛为特征，色彩配置艳丽，做工精湛，气度雍容，天然纯美。特别是它的图案，绚丽多姿，丰富多彩。据不完全统计，西兰卡普的图案纹样达两三百种之多，其内容涵盖花鸟虫鱼、飞禽走兽、生活作息日用品等，几乎是无所不包。这些都凝结着纺织者的心血和艺术才能，也陪伴着纺织者的欢乐忧愁和酸甜苦辣，更有为之付出毕生心血者，甚至有的付出了生命的代价。在土家族人民中至今仍广泛传颂着一个土家姑娘为寻找美好的花纹而献出了宝贵生命的感人故事。

据说很久以前，湘西山里的小村子中，有一个叫西兰的土家族姑娘。她从小就跟妈妈学织花，由于心灵手巧又勤奋好学，织花技艺一天天提高，织的图案纹样特别好看，能把天上的云彩、空中的飞鸟、树上的花朵、地上的走兽都织进她的布里去。可惜妈妈去世得早，不能把织花的技术全传给她，她还想学到更多的技巧，织出更多的图案纹样来。于是她一边自己悉心揣摩，一边虚心向别人求教。一天，她又去找村里的一位老阿妈。老阿妈说：“你会织的花纹有很多了，但是有一种白果花，你还没学会。”西兰姑娘一听，显出十分着急的样子，请老阿妈快点给花样，并指教她如何织。老阿妈告诉她，花样就在村子后面的山坡上，树长得又高又大，开出的白果花亮灿灿，美丽极了，可是，要看到这种花，是非常难的，因为它总是在深夜开放，不到天明就凋谢了。大白天是根本看不到白果花的，而且一年当中只是在春天有几个夜晚才开。听了老阿妈说的话，西兰姑娘暗暗下定决心，一定要看到白果花的开放，把它织到布上去。入春以后，她每天晚上天一黑就摸上山，悄悄守在高大的白果树下。等了一晚又一晚，总不见开花，但她毫不气馁，仍坚持着每晚等候。功夫不负有心人，一个月明星稀的晚上，她终于等来了白果树开花的时刻。站在树下，抬头望去，只见一朵朵银白色的花儿悄悄绽开。一会儿，满树白花一片，在月光的照耀下，银光闪烁。西兰姑娘高兴极了，连忙往树上爬去，她要采摘几朵白果花，拿回家照着花样织在布上。

西兰姑娘每到晚上悄悄离家上山，没有告诉家里人。于是，她嫂嫂背地里在她爸爸面前搬弄是非，散布不三不四的话语，说西兰姑娘每天夜出不归，行为不端。爸爸开始没在意，可是听得多了，不免有些半信半疑，开始注意女儿的行踪。这天晚上，他悄悄跟在女儿的后面，看她到底到哪里去，做什么事。当看见女儿在树下站了一会儿，却又往树上爬时，她爸爸想："黑灯瞎火的，一个人爬到又高又大的树上去干什么？那有多危险呀！"于是，他赶紧往大树旁走过去，边走边喊西兰姑娘下来。这时候，西兰姑娘完全被白果花陶醉了，一心只想摘下几朵，哪里听得见爸爸的喊叫声。她爬呀爬，费了好大劲，才攀到一个树杈上，伸手摘到了几朵白果花。正当她要下来时，爸爸已站在树下，大声吼着："你这死女子，喊你你不应，越喊越往上爬，你干什么呀！你不要命了？"岂料，突然听到爸爸的吼声，西兰姑娘不由得心头分了神，脚一滑，手一松，只听得"哎哟"一声，她从树上掉了下来。当爸爸弯着身子低头看时，惨淡的月光下，女儿已倒在血泊中，而那几朵白果花还被她紧紧地握在手中。爸爸明白了真相，已追悔莫及。

为了追求美丽的花纹，西兰姑娘付出了自己年轻的生命。乡亲们为了实现西兰姑娘的心愿，就照着她摘下来的白果花样，织在了她未织完的布上。果然，当白果花纹样和其他图案纹样连缀起来后，的确更为绚丽多姿，大放异彩。后来，土家族人民为了纪念西兰姑娘，

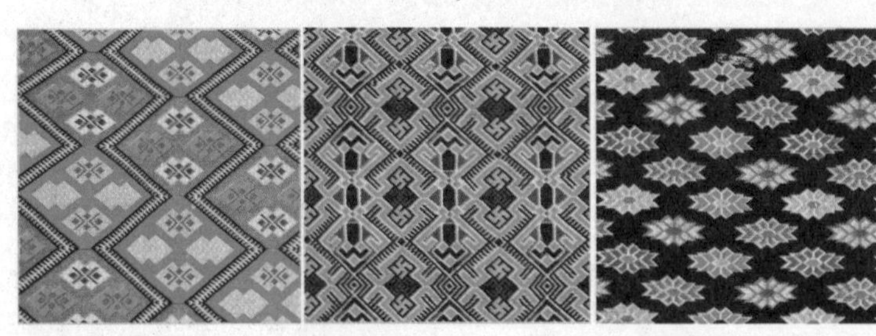
「西兰卡普纹样」

便把土家族的织锦取名叫“西兰卡普”。千百年来，土家族这种土生土长、土色土香的织锦，永远保持着旺盛的生命力和经久不衰的魅力。

畲族服饰

畲族人大多在居住在江西、安徽、浙江等省，其传统服饰富有民族特色，只是由于受汉文化影响较早、较重，传统的畲族服饰渐渐地已不太流行。过去，畲族男子的服饰式样主要有两种：一种是带大襟的无领青色麻布短衫；另一种是结婚时穿戴的礼服，青色长衫，外套龙凤马褂，襟和胸前有一方绣龙花纹，头戴红顶黑锻官帽，脚穿阔口、秃头、双鼻、布底黑色布鞋。传统女服的式样较多，且因地区不同而有所差别。有的地区的畲族妇女上衣是右衽长袖黑衣或绿衣，襟边、衣领和袖口处镶有花纹，纹样有繁有简。下穿黑布长裤，鞋是方头黑布厚底，有的还绣上花样。有的地区畲族妇女上衣大襟上以桃红色为主要色调，加配以其他色线，针绣的花纹面积大，花朵也很大。衣领多用水红、水绿作底色，加绣花，袖口配的色边是一条红，一条绿。畲族妇女喜欢把头发盘在头顶上，梳成螺式或截筒高帽式，发间环束红色绒线，新奇别致。近年来，有的改梳辫子，有的剪成短发。过去，畲族妇女结婚时头戴凤冠。凤冠是以红布包着附有银饰的竹筒，置于脑际，护以发髻，再盘绕着累累的石球串，髻旁插有银钗，俗名凤钗或凤桃。青年女子多戴大耳环、银手镯、戒指。外出时喜欢戴精致斗笠。现在，畲族服饰特别是男子服饰与汉族已没有明显差别。

「畲族男子服饰」

畲族妇女的服饰有着鲜明的民族特色，她们的衣裳和围裙上布满了各种花鸟和几何纹图案，看上去十分秀丽，走起来好看极了。如果在腰间束一条彩色的花带，平添几许女人的韵味。

说到畲族妇女的花带（或称花腰带），还有着一段传说呢！

很久以前在浙江平阳，有个畲族姑娘名叫雷凤，不仅长得聪明伶俐，而且勤劳能干。她每天不是上山砍柴，就是下地耕种，与父母亲同出同进，从不叫苦喊累。白天在外辛勤劳作，晚上便在油灯下纺织花带。她编出来的花带，特别精美，得到左邻右舍的夸赞。靠着她编织的花带拿到集市去卖些银两来贴补家用，一人家的日子才勉强能维持。

雷凤姑娘练出了一套独特的本领，就是能用双手同时纺织两根花带。这事被当地一个财主知道了，便生出歪主意来，要把雷凤姑娘弄到他家去，为他家纺织花带，以此作为生财之道。开始，这个财主装出一副假惺惺的样子，带着家丁上门，说是“请”雷凤姑娘帮忙纺织花带。雷凤一家人心中都十分明白，财主没安好心，先是婉言相推，继而断然拒绝。财主灰溜溜地回到家里。软的不行，就来硬的，财主仗着财势，要硬逼雷凤就范。在一个月黑风高的夜晚，财主又带着几个家丁窜到雷凤姑娘家中，把她抢走了。没过多久，雷凤姑娘在财主家因繁重劳作而被折磨死了。雷凤的父母亲悲愤交加，不久也双双去世。

「畲族妇女」

雷凤姑娘死后，变成了一只美丽的长尾彩鸟飞回到生前居住的村庄。每当村子里的妇女们纺织花带时，这只美丽的彩鸟就站在村头大树的枝头上歌唱。那清脆的歌声婉转动听，越来越引起了妇女们的注意。大家都觉得这只彩鸟不仅歌声好听，而且羽毛也很漂亮，于是，在纺织花带时，便照着这只彩鸟美丽羽毛的样子纺织起来。编成的花带色彩鲜艳，图案美观，秀丽耐看。久而久之，就形成了畲族特有的风格，世世代代流传下来。

富于民族特色的畲族花带，主要用丝和纱编成，有“双面”、“间花”、“宗甩”、“十三行”等多种式样。花带的图案结构严谨，色调和谐，构图雅丽，是一种优美的民间工艺品。

每逢喜庆佳节，畲族妇女都喜欢把花带当作珍贵的礼物互相赠送，表示友谊，联络感情。有的畲族妇女平时都要在腰间束一条彩色的花带，这不只是她们服饰衣着上的一种习惯，大概还寄托着对雷凤姑娘的几分哀思吧。

壮族服饰

壮族是我国历史悠久的古老民族，也是我国少数民族中人口最多的一个民族，有 1500 多万人口，主要分布在广西壮族自治区，部分散居在云南、贵州、湖南等省的一些地区。据有关历史文献记载，壮族服饰有着浓郁的民族特征："披发文身，错臂左衽"（《战国策·赵策二》），"壮人花衣短裙，男人着短衫，名曰黎桶，腰前后两幅掩不及膝，妇女也著黎桶，下围花幔"（顾炎武《天下郡国利病书》）。特别是清末民初的刘锡蕃在《岭表记蛮》中更有比较详尽的记述："壮人男女，从前俱挽髻，服饰亦奇特。有斑衣者，曰'斑衣壮'；有红衣者，曰'红衣壮'；有领袖俱绣五色，上节衣仅盈尺，而下节围以布幅者，曰'花衣壮'；又有长裙细折，绣花五彩，或以唐宗铜钱系于裙边，行时其声丁当……"

「 壮族女子服饰 」

过去，壮族新娘的服饰甚为讲究，也十分美观。衫袖直径大约 26 厘米，衣袖、衣襟、裤脚都滚有约 15 厘米宽的边，全身宽大。头巾用丝线绣上花，扎起来显得华丽美观。传统习俗是新娘的出嫁服饰需要留到将来死时陪葬，认为这样死人到了阴间，生活才富裕。

壮族服饰的装饰工艺以刺绣和织锦为主，尤以织锦更负盛名。说起壮锦也有一个美丽而精彩的故事。

很久以前，有一位壮族老大娘，因丈夫去世，只有和唯一的儿子相依为命，过着十分清苦的日子。娘儿俩的生活来源，全凭老大娘的一双手，她辛辛苦苦织锦拿到集市上去卖，再换回粮食和日常生活用品。老大娘织锦技术很高，锦上织的花草鸟兽，活鲜鲜的，挺逼真，人们都爱买她织的锦。这天，她卖完锦，又去采购生活用品。走进一家店铺，突然觉得眼前一亮，原来这家店铺的正面墙上挂着一幅五彩画，画面上高大的房屋、漂亮的花园、丰硕的果实、成群的鸡鸭……应有尽有，真是好看极了。老大娘十分喜欢，跟店主好说歹说，终于把画买下了。回家后，老大娘连忙把儿子喊到身边，打开画给他看。儿子边看画边情不自禁地说："能住在这么好的村子里过日子，那该有多快乐啊！"老大娘笑着对儿子说："只要我们肯吃苦，凭着自己勤劳的双手，一定会过上好日子的。"接着又讲出了自己的一番心思，就是要把这幅画织在锦上，再把这锦拿到集市上去卖，人们一定会更喜欢。她还要织一幅更大一些的挂在自己家中，每天看到这幅锦，就像住在里面一样了，心里也感到高兴。听完阿妈的想法，儿子自然十分赞成，并鼓励说："凭阿妈的一双巧手，一定织得好。"

从此以后，老大娘不分白天黑夜、不知疲倦地织锦。织呀织呀，一连织了几个月，一幅特别大的锦终于织成了，锦上的图案比买来的那幅画更生动、更丰富、更鲜活，简直是美丽极了。老大娘伸伸酸痛的腰，搓搓发僵的手，揉揉通红的眼，咧开嘴笑了。忽然间刮起一阵大风，"噼噗"一声，把这幅锦卷出大门，飘向东山方向。老大娘一急，便昏倒在门外。儿子发现后，连忙把阿妈背进屋。过了好一阵，老大娘才苏醒过，她把事情的经过说了一遍，并急切地催促儿子快去寻回壮锦。儿子骑上马，飞也似地朝锦飘走的方向追去。快马奔走了三天三夜，来到了太阳山下，远远望去，只见山顶上有一座金碧辉煌的房子，不时从里面飘出阵阵女子的歌声和笑声。儿子有些好奇，下马往山上走去，他想去看个究竟，也趁机歇口气。不一会儿工夫，他爬上了山顶，来到大房门口，朝里看去，只见一大群天仙般的女子围坐在厅堂里织锦，阿妈的那幅锦正摆在中间做样子呢！他好不欢喜，三步并作两步奔进厅堂，想伸手卷起锦下山。见突然闯进来一个小伙子，仙女们着实吓了一跳，见他要拿走锦，大家更是吃惊不小，并不约而同地护着锦不让他拿走。老大娘的儿子只得把来意一五一十地说了出来。仙女们告诉小伙子，她们也非常喜欢这幅锦，于是便想出了这种

“借”的办法。原打算照着样子织锦，织完后就还给老大娘，今天既然老大娘的儿子找来了，肯定是会让他带回去的，只是还得一晚的时间才能织完，请小伙子等一晚再走。老大娘的儿子满口答应仙女们的请求，因为太疲劳了，就靠在椅子上呼呼睡着了。等他一觉醒来，天已大亮，睁开眼睛一看，厅堂里静悄悄的，仙女们一个也不在，只见阿妈织的锦好端端地摆放在桌子上。他来不及多想，卷起锦奔出厅堂，跨上马飞速回家。

一到家中，他就走到床边，拿出锦，连声喊着：“阿妈，锦拿回来了！”昏沉沉的阿妈强睁开双眼，一见那幅锦，眼睛立即亮了，精神也强了许多。她一骨碌从床上爬起来，笑眯眯地抚摸自己织了几个月的锦，爱不释手。看着，摸着，突然间，吹来一阵香风，又将锦卷起，直飘到屋外。老大娘在儿子的搀扶下追到门口，只觉耀眼的阳光照得人睁不开眼。等到娘儿俩定定神，再强睁开眼睛，奇迹出现了：原来居住的茅草房子不见了，眼前看到的是几间高大的砖瓦屋，屋后是花园、果园，屋前是田地、溪流，鸡鸭成群，牛羊满坡，与那幅锦上的画面一模一样。娘儿俩简直如做梦一般，从此，过上了幸福的生活。

过上富足日子的娘儿俩，热心帮助周围的穷苦百姓，不仅邀请他们搬迁到自己的村子里居住，还把织锦的手艺教给乡邻女子。久而久之，壮乡的壮锦美名远扬。

其他少数民族服饰

我们通过考察上面的几个有代表性的少数民族服饰，就已经领略到其迷人的风情，感受到其诱人的魅力，体会到其丰富的内涵。其实，在长江流域居住生活的其他少数民族的服饰也都是各具特色，只要稍加留意，会使你惊叹叫绝。

珞巴族

在西藏自治区东南部的洛渝地区，居住着中国人口最少的一个民族——珞巴族，仅2300余人。

由于东起察隅，西至门隅的洛渝地区属喜玛拉雅山区南麓的高山峡谷地带，地形复杂，气候立体，祖居于此地的珞巴人长期与外界处于隔绝状态，所以其文化比较完整地保存下来。

珞巴族男女服饰古朴，且各个部落间的差别比较大。米林等县的妇女，通常穿自织的麻布圆领对襟窄袖短衫，下围长度及膝的羊毛紧身统裙，小腿扎整片裹腿，不穿鞋袜，赤脚。项链大多是用蓝色石料或海贝、兽骨、兽牙磨制后穿缀成形，很有特色。尤其是腰部周围，还缀有一串串白贝壳、银币、铜铃、铁链、小刀、铜片等，种类和数量相当多，重达七八公斤，虽然沉重，但行走起来，响声叮当，自成情趣。这些装饰品，还是珞巴族妇女家庭财产多寡的一个显著标志。这里男子上穿大坎肩。这种坎肩用山羊毛织成，质地粗糙，前后上下一样宽，不挖领，只在套头处留缝口。一般不穿下衣，只系一块围布。帽子很特别，多数是用熊皮压制的带沿的圆盔，沿上套一个带毛的熊皮圈，毛向四周伸张，帽后缀一块梯形的带眼窝的熊头皮垂至颈部。男女都蓄长发，额前部分剪齐至眉际以上，其余披肩后。过去，男子都不穿鞋袜。戴竹管耳环、项链，腰间挂弓箭、长刀。

隆子县珞巴族服饰自成特色。女子穿着极其简单，用粗布缝制成披风披在身上，腰系围裙。幼年时，母亲就用竹针在耳垂上穿孔，孔很大，可以戴数个小耳环，长大成人后，戴大耳环。在鼻子两端穿孔，孔很大，有的在鼻孔上戴一小铁圈。在额上、两颧、下颌上文有花纹。女子十二三岁便开始穿孔文面，文面是用竹针刺出血印，再涂上锅底烟垢，终生不会脱落。发型一般是在额顶上盘 2 至 3 个发结，也有扎两条辫子盘在头顶上的，系以红、蓝色线为饰。男子平时上身赤裸，下身系围布，多不穿裤子和鞋袜。长发在额前挽一发结，发结上横穿一条竹签或银签，签子长约33 厘米，显示其威武和美观。头沿戴有一串珠子，脖子上也挂有漂亮的串珠，双耳各吊有 2 至 3 个圆圈耳

「珞巴族传统服饰」

环，佩挎腰刀。简朴的衣着，繁多的装饰，是珞巴族服饰最显著的特色。

傣族

在美丽的西南边陲，有一个性情活泼、能歌善舞的民族——傣族。傣族有100余万人，多居住河流沿岸或低地平坝，村寨一般建筑在溪畔或丛林翠竹之中，在亚热带温和多雨的气候中，在四季常青、和谐优美的自然环境中，创造着本民族独特的文化。在诸种文化形式中，傣族服饰又以其飘逸典雅的特色丰富了长江流域服饰文化的宝库。

傣族妇女的服饰非常漂亮。虽然各地有所不同，甚至有的地域特征很明显，但仍不失其民族的特点。西双版纳地区的妇女上衣内穿白色、绯红色、淡绿色或天蓝色紧身背心，外穿大襟或对襟无领短衫，窄袖紧身，以布带扎结代替衣扣。下为紧身筒裙，长及脚背，用银质腰带扎腰。这一地区的妇女有穿鞋的习惯，常见的有尖花鞋、朝鞋和拖鞋。整套服饰和傣家女修长苗条的身材十分吻合。行走起来姿婀娜，轻盈俊逸。以前，傣族妇女的筒裙上有花条数道，花条的多少，则表明所属阶层的高低，规定极其严格，任何人不能违反这种特有的等级制度规定。随着时代的发展、进步，这些陈规陋习自然被革除掉。

德宏、瑞丽和耿马、孟定的妇女，上衣短及腰，筒裙色彩艳丽，宛若锦鸡身上熠熠闪光的羽毛。在德宏地区，不同年龄的女子服饰又有差别。姑娘们多穿无领白色或浅色大襟短衫，下穿长裤，并束小围腰；结婚以后，上穿对襟短衫，下着黑色筒裙。姑娘束发于顶，中年和老年妇女则用长约数米，宽约13厘米的黑色布带包在头上，形如一顶高筒帽。

居住在滇中哀牢山下红河河畔的新平、元江以及玉溪的傣族妇女服饰更为绮丽多姿，被称之为“花腰傣”。

花腰傣有4个小支系，即傣雅、傣卡、傣洒和傣仲，其服饰风格又各有不同。当然，就造型和式样来看，也有共同点。一般来说，花腰傣妇女上衣是无领无袖式短衫，上缀饰数个三角塔形银泡群，组合有序，排列工整，做工考究。在短衫内穿一件长袖短襟衣，袖口往往饰以彩绸布，雅致

「傣族传统服饰」

美观。下着1~3条筒裙，下摆处饰有多层花边，色彩艳丽。在后腰三角巾繁缛华丽的图案处吊缀花篮，以缨花、红绿流苏装扮，看上去小巧玲珑，纤丽奇特。在花篮之上是两层银制芝麻响铃，行走起来，叮叮当当，响声清脆，悦耳动听，别有一番情韵。花腰傣妇女的整套服装配饰，可谓飞红叠绿，银光闪烁，是傣族服饰中组合完美、造型新奇、动静相宜、浓淡相适之一款，较为典型地表现出飘逸典雅的特征。盛装的傣家“卜少”更是风姿绰约，秀丽可人。

大姚傣族姑娘的服饰则别具一格，上身紧裹一件围胸，外套宽袖短衫，下穿筒裙，头戴垂着彩色流苏的花帽，又是一种韵味。而旱傣女子却喜爱上穿宽松短衫，下着宽松长裙，简洁纯朴，平实大方，和其他傣族妇女的服饰风格不甚相同。

傣族妇女不论贫富，不计年龄，大多喜爱手镯、耳环、项链之类的饰物。当然，贫者和富者的首饰在质量上有着明显差别。一般来讲，这些首饰大多用金银制作，空心居多，上面刻有精美的花纹和图案，工艺精湛。

傣族妇女的头饰多姿多彩，仪态万千，视地域不同而不同，各具神韵。西双版纳、孟连、瑞丽一带的妇女喜欢将发髻挽于头顶，并插上精巧的小梳子和美丽的鲜花；也有的将发髻结于脑后。而勐腊、勐海、打洛一带的妇女往往披纱巾或在头上围淡红色、天蓝色围巾。在傣族妇女的头饰中，花腰傣姑娘的头饰更是形态多样，华丽夺目。一般来说，花腰傣姑娘的头饰是将头发梳成圆形，使之盘于头顶，用青布从发髻边上作层层缠绕状，并用绣花青布向耳朵两端坠下，再卷饰一块五色花边头巾。最为讲究的是傣洒支系的“卜少”髻饰：在其高耸的发髻上，饰以红色的髻箍，其上缀满银光四射的珠泡，下坠簇簇银响铃，再以桔黄色小笠帽罩上。看上去，花团锦簇，银光耀眼；走动时，叮当作响，悦耳动听。

与傣族女子服饰比较起来，傣族男子服饰则简便多了。服装颜色多用白布或青布，大多上穿无领对襟或大襟小袖衫，下着窄裤脚长筒裤。有的头上缠3米多长的白布或青布，腰束一条青布。一年四季打赤脚。天气很冷时，就用裹腿布缠住两脚，喜欢用毡蒙首露面。外出活动时以毡为大衣，回家后以毡为长被。

傣族男子一般不戴饰物，但偶而也会发现他们的手腕上有只闪闪发亮的银镯。可是，镶金牙、银牙却是他们的喜好。他们通常把好端端的门牙拔去，再换上金或银做的假牙。佩刀也是傣族男子的嗜好。

哈尼族

郁郁葱葱的哀牢山，奔腾不息的红河水，孕育了哈尼族一代又一代儿女，也孕育了哈尼族独特的文化。在诸种文化内涵中，哈尼族服饰文化又因支系繁多和地域不同，呈现出多样形态，或繁复、或简洁、或秀丽、或质朴、或华美、或典雅，形成了异彩纷呈的特色。

> 哈尼族是个历史悠久、支系繁多的民族，过去有各种不同的自称，如“哈尼”、“俊尼”、“豪尼”、“碧约”、“卡多”、“峨努”等，新中国成立后，根据本民族人民的意愿，统一称为哈尼族。哈尼族人主要居住在云南省的哀牢山区。

过去，哈尼族人喜欢用自己染织的藏青色土布做衣服。传统漂染过程是将靛放入一个容器中，加水溶解，并加酒少许，七八天后开染。染后还要把布浸泡在用牛皮制作的胶水中，最后用清水漂洗晒干。有些地区的哈尼族人，每洗一次衣服，都要重染一次，以保持衣服色彩鲜艳。

「 哈尼族传统服饰 」

哈尼族妇女服饰因地而异，各有特色。红河地区妇女一般穿右开襟无领上衣，用银币做纽扣，下着长裤。西双版纳和澜沧一带的妇女，下穿长及膝盖的折叠短裙，打绑腿。平时多赤足，年节、喜庆之日爱穿绣花尖头鞋。墨江的妇女下穿长及膝盖的短裤，着盛装时，上衣外加披肩，有的还系花围腰，打花绑腿。在衣服的托肩、大襟、袖口及裤脚上，都镶有几道彩色的花边，坎肩则以挑花做边饰。足登高统尖头的绣花鞋。鞋出自女子自己之手，花样繁复、精致。

哈尼族不同支系的妇女服饰是五花八门，不一而足。如思茅地区，碧约、腊末、俊尼人的服饰互不相同，各具独特风格，可谓撷英集粹，天造地设一般。碧约少女穿长尾衣，襟往左开，下身着裤，宽松之中自有雍容之感。俊尼姑娘则以下穿饰有光彩夺目珠串的黑裙，胸部裹有银泡、银牌的胸围为衣饰特征。黑色的显得沉稳，银色的流光闪烁，胸部与肩部曲线的韵律共同构成了迷人的风韵。腊末妇女的上衣一般有两种，即无袖短衣和长袖衣。银泡、银铃、银纽如繁星般地铺展在蓝、黑色的布面上，亦明亦暗，流韵独存。卡多支系姑娘的上衣为偏襟，袖部围有数层纹布；下为黑裙，其上罩围腰，围腰上绣满植物纹饰。全身装束看似繁丽，却又不失朴美。期的支系姑娘在上衣外罩右衽坎肩，多为蓝色，并饰以若干三角形小银泡，晶莹明亮，闪烁不已。下穿长裤，色调为上白下蓝，裤脚宽大，饰以花边和银泡，简中有繁，繁简相宜。西摩罗支系姑娘的坎肩几乎被银光四溢的银泡铺满，与深蓝色裙子相互映衬，质朴中充溢着华美，平添了几分妩媚。阿木支系姑娘身着右衽淡红色上衣，从肩至胸部有一半圆形饰带，其下吊缀银响铃、银片、小银泡组成的环形花纹装饰在袖口处，典雅中增加了几分富丽。叶车支系妇女上衣为龟式服，分内、外衣和衬衣。外衣称“雀朗”，为无领圆口的对襟正摆短衣，对襟两边缀饰着精致的排扣。衬衣称“雀巴”，无领，下摆圆如龟状。内衣称“雀帕”，无领圆口对襟，圆口处缀有银链。这种服饰风格自有独到之处，素雅之中蕴含着秀气。每逢节庆聚会，姑娘们喜欢在腰部束一条五彩线编织的彩带，称之为“帕阿”，这又使她们多了一些天真浪漫。叶车妇女的下衣则十分简单，只穿一条紧身青色短裤，终年赤裸双腿。这种装束最为完美地显露出叶车女子的优美身材，也最适宜展示她们质朴狂野的舞姿。

哈尼族妇女的服装多种多样，可仍不及她们那纷繁多彩的头饰引人注目。她们或锦绣满头，或峨冠高耸，或五彩流溢，或奇巧多变，或淳朴简洁，或繁缛绮丽，好像全部的聪明才智、创造能力都要从头饰上表现出来。比较典型的有如僾尼支系妇女头饰，大致可分为平头、套头和尖头 3 种，选用的材料主要有自织自染的藏青色土布、竹片、刺猬刺、银币、银链、银泡、彩色飞禽毛、贝壳、野花等。平头头饰是用包头布包成水平状，留有30厘米左右的黑布飘在身后，飘带在走动中飘拂飞舞，简朴中流转着美的旋律。套头头饰是用一块藏青色土布裹成，上饰各种银饰和彩色飞禽羽毛，五光十色，自出新意。更为华美的是尖头头饰，其主要特征是高耸的帽顶上饰有多层银泡，下垂数个珠串，插着色彩斑斓的飞禽羽毛和野花，繁缛绮丽，分外妖娆。尖头头饰又是人生阶段的标志，当哈尼少女脱去小圆帽饰以尖头帽时，就意味着自身的成熟和青春时代的来临。尖头帽制作讲究，特别是它蕴含有人生角色转换的意义，所以一个妇女一生一般只有一顶。

有的哈尼族妇女也喜爱用银链和成串的银币、银泡作胸饰，戴耳环或耳坠。澜沧一带的妇女喜戴大银耳环。

哈尼族女子未婚的和已婚的在服饰上有明显的区别。如墨江部分少女系白或粉白色围腰，婚后改系蓝色围腰。再则，系围腰的高低也是区别女子是否结婚的标志。还有，哈尼少女喜用猪油抹发，多梳单辫下垂。成年妇女多编双辫，并把辫子缠绕在头上。

哈尼族男子多穿对襟上衣和玄色宽松肥大的长裤，年轻男子头裹黑布或白布包头，老年人戴瓜皮帽。有的穿布鞋或木板鞋（用木板和棕绳制成）。西双版纳地区的男子头缠黑布，身穿右开襟上衣，沿着大襟镶两行大银泡作装饰。逢年过节或与姑娘幽会，小伙子们还喜欢把美丽的羽毛或鲜花插在头上。澜沧一带的男子裹黑布包头，身穿对襟上衣，大襟镶两行银币，两侧配以几何图形的纹布。

傈僳族

傈僳族主要居住在云南西北部的傈僳族自治州的碧江、福贡、贡山、泸水四县，其余散居于丽江、保山、迪庆、德宏、大理、楚雄等州县及四川的西昌、德昌、盐边、木理等地。他们多数与汉族、白族、彝族、纳西族交错杂居，形成大分散、小聚居的特点，其服饰也以丰富多彩、绚丽缤纷而著称于世。

> 由于服饰的差异，傈僳族可分为黑、白、花三个支系，分别被称为“白傈僳”、“黑傈僳”和“花傈僳”。

「傈僳族传统服饰」

怒江一带的黑、白傈僳人，妇女的服饰大致相同。上衣一般为麻布右衽式短衫，外面罩一件黑绒褂或红绒褂，下着长裙。有的肩上斜披数串珊瑚珠子组成的白色挂带，傈僳人称之为“拉白里底”。已婚的妇女，头戴由珊瑚珠和海螺片组成的华丽装饰品“俄勒”。“俄勒”的制作十分精巧，要先以乳白色海螺片做成一圆套，然后在下面系一串串珊瑚珠，分红、白两色相间，联成半月形珠帘。又以镂花的小铜球垂在串珠的下端，且小铜球又联成一环。整个“俄勒”闪射出红、白、金各色光芒，珠串和海螺片之间构成众星拱月之形态。泸水一带的黑傈僳妇女，上穿左开襟短衫，下着长裤，腰间系一个小围裙，裹青布包头，美观大方。花傈僳的妇女喜欢在上衣及长裙上镶许多美丽的花边，裙长及地，行走时长裙摇曳，婀娜多姿，神采翩然。特别是花傈僳的姑娘，其服饰装束更是缤纷多彩，可谓花团锦簇，光彩夺目。上衣和裙子均以黑、红、白、黄四色为主，形成了华丽动人的色彩格调。裙子上饰以贝壳组成的花形纹饰，增添了几分富丽之气，而色彩穗带又使其飘然灵动。德宏州姑娘喜欢穿连衣裙，是由各色布料经过精心拼贴缝合，在黑色底布上形成了复杂的纹饰，其制作手法独具匠心。裙子的长度也有讲究，前摆至膝，后摆几乎垂于踝部，别有一番韵味。头饰亦别出心裁，红、白布相间的头帕，缀满各种珠球，并垂以银泡、小铃等，珠圆光润，赏心悦目。有的姑娘胸前挂有银项圈和串球联成的百岁锁，古朴和美。

傈僳族男子一般穿无领对襟麻布短衫，裤长及膝，有的裹青布包头，有的蓄发辫，有的左耳戴一大串红珊瑚。傈僳族男子出门时，一般左肩佩砍刀，右肩挂箭袋，显得英姿勃发。砍刀和弓箭既是生产和狩猎的工具，又是随身防卫的武器，更是独特的佩饰。

拉祜族

拉祜族是一个富有传奇色彩的民族，他们自纪元前从川藏高原不断迁徙，至一二百年前定居于云南境内，和汉、彝等族形成交错聚居状态。在漫长的流动、迁徙途中，历尽坎坷，披荆斩棘，猎杀过无数异常凶暴的猛虎。人们为庆贺迁徙和狩猎的胜利，总是围火熏烤虎肉，一边吃肉，一边歌舞。久而久之，一个饱含骄傲、自豪赞誉的族称“拉祜族”遂由此产生。

历史悠久的拉祜族对自己的传统服饰有一种特殊的情感，特别是拉祜纳支系更是相当完整地保持着羌人的服饰特征。妇女头裹3米多长的蓝或黑色包头，末端长长地垂及腰际。身穿开衩很高的右衽长袍，开衩两边和衣领周围都镶有红、黄、蓝色的几何纹布或条纹布，沿着衣领及开衩处还镶有缜密细巧的银泡装饰，雪亮耀眼。衣服的大片黑色沉稳地烘托出各类饰物的特点，使长袍既五彩斑斓，又庄重富丽。拉祜西支系妇女的服饰有别于拉祜纳支系，其上衣为窄袖短衫，对襟部分几何纹饰，下着裙子，上下配套得体，宽松自如。头缠白布包头，颈挂料珠等饰物。拉祜族女子喜欢佩戴银耳环和手镯等。

拉祜族男子一年四季都穿领右开襟衫和肥大的长筒裤(夏天也有穿短裤的)，多为蓝色。裹黑色头巾或戴帽子。帽子是用6~8片三角形的蓝、白色布缝制而成，边口缝一条蓝布边，顶端有一束约16厘米长、各种颜色的线穗。有些男子喜欢戴耳环和手镯。拉祜纳支系男子喜穿长袍，而拉祜西支系男子则爱穿短衫裙子，前者严整庄重，后者利落活泼，风格迥然不同。同汉族、傣族接触较多的男女，也渐而喜欢穿汉式和傣式服饰。

「崇尚黑色的拉祜族」

佤族

佤族分布在云南省的西盟、沧源、孟马、耿马、澜沧、双江、镇康等地，也有一部分散居在西双版纳傣族自治州和德宏傣族景颇族自治州境内，而西盟、沧源则是他们的主要聚居区。

由于分布地区较广，各地佤族人的服饰不尽相同，甚至差别较大。最

「身着节日盛装的佤族男子」

能体现因山居生活而养成的质朴而粗犷的佤族人民族性格的，是聚居在西盟、沧源的佤族人服饰。

西盟的佤族男人用红、黑布缠头，穿无领短衣，裤短宽，穿耳坠以黑、红线穗，身佩长刀，男青年大多喜欢颈戴藤圈。西盟各寨中，妇女服饰略有不同。岳宋和马散的妇女都穿红色有横纹的长裙，但马散女子喜着无领短衣，岳宋女子则上着坎肩。芒杏等地的女子上衣近似拉祜族长袍。西盟佤族女子留长发，波浪似的飘至腰部，头戴银箍或竹、藤制的发圈，耳坠银耳筒或大圆耳环，颈饰银项圈或料珠若干串，红、蓝相间，腕上戴手镯，有的在小腿缚布或藤圈。男女均跣足。每到冬季，人们常披麻被单或棉毯，睡觉时，以此当被，和衣而卧，围火而寝。夏季炎热天，男子在腰下束一块遮羞布，已婚女子则围一短裙。

沧源佤族男子缠头，着无领短衣，穿直筒裤。外出时，喜背花挂袋，佩长刀或手持标枪，用以打猎和自卫。“纹身”是他们的一大特征，其中大多在胸脯刺牛头，两只牛角很长，往往延伸至臂；手腕多刺树，树上有鸟；腿腕多刺山，山中有树。也有在前额、手背、膝盖上进行“纹身”的。女子喜穿红、绿、黑三色格布制作的短裙，造型比较简洁。散发披头，有的在头上栓一根红、绿头绳压发，有的则用银质头圈压发。喜欢戴项圈和项链，项圈多为当地自制，有的用银丝，有的用细篾制成；项链是由外地购入的。手镯和耳环也是她们不可缺少的装饰品。沧源佤族女子还有一种特殊的装饰，就是用藤条制成纤细且大小不等的圆圈，佤语称之为“斯滚”，套在手腕、腰间或腿上。她们外出也爱背挂袋，一般是用红、黑棉线织成，袋子的正面用白色珠子镶成一些“十”字花纹，两个下角还系有两束长而鲜艳的红穗，式样讲究，美观醒目。佤族服饰就整体而言，表现出古朴自然的特色，很少矫饰之气。

景颇族

主要聚居于云南德宏傣族景颇族自治州的景颇族人，过去的服饰十分简陋，文献曾有“以树皮为衣，毛布掩其脐下，首戴骨圈，插鸡尾，缠红藤……”的描述。由于受到自然环境及物质生活条件的限制，他们一年四季都不更换服装，通常是将衣裤或筒裙穿得破烂不堪，不能再穿时，才更换新的。

现在，景颇族男子多穿黑色对襟短衣，圆领窄袖，下穿短而肥大的筒裤，裤脚沿边有绣花。青年男子喜欢用白布或蓝布缠头，布的一端绣有花纹。包头布坠下的红须随风飘扬，别具情调。外出时，斜挎筒帕，盛槟榔、烟草等什物，佩以景颇刀，英武神气。中年和老年一般使用黑布包头。老人有留辫之习，蓄发似清代的长辫，绕成小髻，缠于头顶。女子上穿黑色对襟或左衽短衣，短及乳房之下，无领，袖细而长。盛装时前后饰以数个熠熠闪光的银泡和银片，下缀银铃，脖子上挂饰六七个项圈和银丝，耳朵饰以耳筒。下着黑或蓝底的布筒裙，裙上有很多精细的红、黄、绿色相间的图案。景颇族的筒裙是用捻线（这种线通常用手捻成）织成。其制作工具也很简单，只有10多根分经线的竹签、一枚木梭子、一把木制织刀、两根卷布的木棍和一块扣住木棍的牛皮等。她们织各种图案的布几乎都是用手挑数经线织出来的。景颇姑娘通常在短衣下摆和筒裙衔接处系一条红色的腰带。妇女腿上常戴一种作为御寒或装饰用的布套子，俗称“护腿”。青年女子的护腿上往往绣满花纹，又平添了一道风景线。妇女的头饰多为毛线所织，缀以彩色流苏和绒球。

「景颇族传统服饰」

基诺族

聚居于云南的基诺族人，世代相继，创造了自己独特的服饰文化。基诺人服饰造型样式简便，以粗麻布衣料为主。过去，基诺族服装的用料全是自制的带有蓝、红、黑色条纹的土布，俗称“砍刀布”（因过去基诺族没有织机，织布时席地而坐，用梭子来回穿引，然后用砍刀或木板打紧，因每穿一次梭都要打一“砍刀”，故名）。用这种砍刀布做的衣服，自然形

「基诺族“三角帽”」

成对称的各色花纹，色彩和谐美观，独具风格。

基诺男子喜着自织白麻布制作的无领对襟白褂，没有纽扣，背上正中间有21厘米见方的用各色线绣成的花纹，有的像太阳，有的像兽形，基诺人称之为“孔明印”。有的在上衣袖口、下摆、衣襟上扎有一至二道红、蓝色布条。下穿白、蓝麻布制作的宽大长裤或短裤，有的也以彩色线条为饰。从整体效果上看，线条均匀对称，构成疏朗、粗犷的格调。男子头饰多为青布或白布包头，有的村寨男子头顶前部留发三撮，很有特色，其含义据说是中间的为纪念先人诸葛亮，左右的是用来怀念父母。基诺女子的服饰，更具有显著的民族特点。胸前围着三角形花布，称为“围腰”，外穿对襟无领紧袖小褂，除了红、黄、蓝相间的饰条外，还有花布、刺绣等图案饰其上。下着镶红、黄、蓝、黑边的前开合短裙，衣襟两端交结在腹前。挽髻于头顶的前部，戴白色厚麻布制的花格三角形尖帽，下垂至肩，覆盖两耳。两耳扎孔，且以孔大为美。戴耳环、耳坠或填以竹管、木塞，有的在竹管上点缀着喇机状花穗。裹蓝色花绑腿，多赤脚。

基诺族少年的服饰与成年人大致相同，但也略有差别，如上衣没有绣标志着成年的花徽，也不能挂绣有标志着成年的标徽和美丽的几何花纹的筒帕，有了这种衣饰的标志，能获得恋爱的资格或权利。

纳西族

纳西族主要聚居在云南西北部的丽江纳西族自治县，其余分布在云南的维西、中甸、宁蒗、德钦、永胜、鹤庆、剑川、兰坪及四川的盐源、盐边、木里等地，还有一小部分纳西人居住在西藏的芒康。其居住地内有闻名的金沙江、澜沧江、雅砻江和玉龙雪山，聪明智慧的纳西族创造了奥博幽深的东巴文化。纳西人一般以自织的麻布、棉布为衣料，男子过去穿短衣长裤，以羊皮或毛毡御寒。女子短衣长裙，用黑布包成菱角形大帽。现在纳西族男子服饰大体与汉族相同，女子服饰则保持着鲜明的民族特征和地域风格。

丽江纳西族妇女上穿宽腰大袖的长褂，前幅长至膝，后幅长及胫，外面加罩坎肩，腰系百褶围腰，下着长裤。女子外出时，披羊皮披肩，披肩的四周缀有刺绣精美的七星（小圆布圈），肩两旁缀以日、月（大圆布圈），象征着披星戴月，蕴含勤劳之意。已婚妇女和未婚女子在服饰上又有差异，前者头上扎一布制头巾，上盖头帕，后者只戴头帽或黑绒小帽。宁蒗纳西族妇女上着红、紫、蓝等彩色短衫，下穿长可及地的浅蓝色或白色双层百褶裙，披羊皮，裹青布头巾，戴金、银、玉、石等制作的耳环和手镯，并喜欢束羊皮带或围腰带。羊皮带用棉布制成，每根长约150厘米，宽约6.6厘米。使用时必须是成对的，一端缝于羊皮披肩，另一端是等腰三角形，尖端附近绣一只大蝴蝶，依次绣有如意图、辣椒灯、桂花等。围腰带制作精致，只有喜庆节日才系。它是一对长约1米、宽约6.6厘米的棉布带子，上面刺有盆栽菊花、二龙争食等图案。永宁纳西族女子的头饰有讲究，在穿裙以后的青壮年时期，要用牦牛尾巴上的毛编成粗大的假辫，再在假辫之外缠上一大圈蓝、黑两色丝线，并将丝线后垂至腰部，质朴美观。

「纳西族服饰」

阿昌族

聚居在云南省德宏傣族景颇族自治州的陇川、潞西、梁河和保山、龙陵等地的阿昌族人，服饰古朴粗犷，颇具民族特性。男子多穿蓝、白、黑色对襟上衣，下着黑色长裤。未婚的青年小伙子以白布缠头，结婚后则用青布包头，并留有约30厘米的后垂。青年人出门喜欢背一个“通帕”（挂包）和一把阿昌刀，并戴上手镯，增加几分潇洒。有的阿昌族男子对左开襟上衣情有独钟，并喜欢戴帽子。阿昌族女子服饰在结婚前后有所不同。未婚女青年喜欢穿白色或浅蓝色的胸前合襟上衣，缝以五六颗银纽扣作装饰，下身多穿较短且肥大的长筒裤。女子结婚后改穿黑或白色窄袖对襟衣和筒裙。未婚女子多数人将发辫盘于头顶，也有少数人缠小而低的包头。

「阿昌族服饰」

已婚妇女则头上缠较高的黑或蓝色包头，这种高达30厘米的包头系仿照原始人狩猎时的箭头制作的，所以又称“箭包”。喜戴直径约6.6厘米的圆形大耳环，颈部套银质项圈，手腕上多戴手镯。阿昌女子盛行在胸前缀的几颗银扣上挂银链，腰上挂银盒，内装槟榔等咀嚼食物。

德昂族

历史悠久的德昂族（原称崩龙族，1985年改族称为德昂），主要聚居在云南德宏傣族景颇族自治州的潞西县和临沧地区镇康县，少数德昂人散居在瑞丽、梁河、陇川、保山、耿马、澜沧等县，在缅甸境内亦有分布，为“跨境民族”。德昂男子服饰一般为上身穿蓝、黑色侧襟短上衣，裤子较短而肥大，缠裹腿，裹黑、白包头，包头两边缀各色绒球。装束打扮简便，显得古朴大方。德昂族妇女服饰繁复多变，独具民族特色。过去，曾把德昂族妇女分为“红德昂”、“黑德昂”、“花德昂”。实际上这三种德昂族妇女在生活习惯方面大体相同，仅在个别习俗与服饰上有些差异。“红德昂”和“花德昂”妇女上穿蓝或黑色对襟紧身上衣，下摆边缘常用红、黄、绿三种颜色的小绒球装饰，纽扣多用较大的方块银牌制成。下着长裙，裙子上遮乳房，下至踝骨，彩色横线为饰。有剃光头发（现在留长长的一条辫子）的习惯。“黑德昂”妇女的裙子较短，上至腰际，下及小腿。婚后有蓄发的习惯。

“红德昂”、“黑德昂”、“花德昂”妇女的主要区别重点表现在她们的裙子色彩上。“红德昂”妇女的裙子有一条横贯全裙约16.5厘米宽的红色线条；“黑德昂”妇女的裙子以黑线条为主，并掺杂着红线和白线；“花德昂”妇女的裙子上，则横贯着匀称的红黑或红蓝线条。

德昂族少女的节日盛装十分艳丽，在藏青色或黑色的上衣胸口饰银牌，配饰银泡，下缀红流苏。德昂族女子都是织布能手，她们仅用很简单的织布工具，把自己捻的线染成白、蓝、红、黑、绿色，用来织成各种颜色的布。又根据自己的需要做成衣服、裙子或挎包。织布时，很注意讲究拼织图案的美观和色调的搭配。制作裙子的布的上下两端边沿用白、绿、红色线织成一条几何纹花边，别致而华美。年轻的女子喜欢在上衣对襟口处和衣襟边镶上约 3.3 厘米宽的红布条，年长的妇女多用紫红色布镶边，袖口用宽约 10 厘米的浅蓝色布镶边。

「德昂族服饰」

喜爱佩戴饰物是德昂族妇女的传统。她们两耳各坠一根食指般粗、6.6 厘米长的耳柱，耳柱用石竹制作，石竹的顶端镶有金属片，柱体上裹一层薄薄的银片，银片上通常箍着 8 道马尾。脖子上套着银铸的粗细两种项圈，有的多达 10 多根，项圈上挂着大小不一、色彩鲜艳的花球。腰间套着 30 多圈宽、窄两种腰箍，腰箍是用竹片和藤篾削制而成，染成红、黄、黑、绿等色，上面刻有各种花草之类的花纹，并在身后半圈的腰箍上，用细细的银丝缠绕，光彩夺目。唐代史书曾记载了德昂族先民茫人部落“藤篾腰箍”这一服饰特征，历经千余年后，这一服饰传统已成为一个稳定的文化模式。

布依族

依恋着重叠的山峦和纵横的南盘江、北盘江、都柳江而栖息劳作的布依族，是我国历史悠久的民族之一，其服饰特征可用朴美清丽来概括。青、蓝、白等颜色是布依族人喜欢的色调，服装穿着一般是外罩青、蓝二色，内衬白色。男子的服饰式样，各地区基本上相同。青壮年大多穿对襟短衣，或着大襟长衫和长裤，多半包头巾（包头巾有青的、花格的）。老年人喜欢穿大襟短衣或长衫。妇女的服饰式样较多一些，并且是因地而异。镇宁扁担山一带，妇女的上装为大襟短衣，下装为百褶长裙。衣领口、盘肩、衣

「布依族服饰」

袖等处镶有花边。裙料大多用白底蓝花的蜡染花布，也有用赭红布作裙身，上面再接上一段蜡染花布的，格外雅致。她们有着一次同时穿几条裙子的习惯，并系上一条绣有花边的黑色腰带，整体效果更佳。妇女在婚前头盘发辫，戴绣花头巾，婚后则改戴“假壳”。镇宁县有些地方的布依族姑娘把发梳拢得高高的，并在发髻上插着长约33厘米的银簪，有的姑娘还戴鸡冠帽，装束别出心裁。罗甸、望谟地区的妇女穿大襟宽袖短上衣和长裤。花溪、晴隆一带妇女则穿长到膝部的大襟上衣和长裤。衣襟、领口和裤脚都要镶上花边，系的围裙上绣着各种图案的花纹。头上缠青的或花格头巾。有的脚上穿鞋尖细小上翘、式样独特的绣花鞋，有的脚上穿细耳草鞋。都匀、独山、安龙等县部分地区的布依族妇女服饰，却逐渐与当地汉族妇女服饰趋同，式样格调相差无几。

布依族小孩服装有一个明显的特点，就是每件衣服的肩上绣有三角形的一块黑布，像枫香叶模样，这种衣服被称之为“枫叶衣”。说起这“枫叶衣”，还有一个神奇传说了。

相传很古的时候，天下什么东西都有神灵。有一天，一个人带着他的小孩在谷堆旁玩耍。那小孩很淘气，拿着一把枫香树枝乱扫乱打，把谷子扫了一地。谷神气得一把抓住那小孩，把他带到天上雷公爷爷那里去受罚。来到天庭，谷神对雷公爷爷说：“这小孩淘气，不爱惜谷子，请雷公爷爷从严惩罚他吧!”雷公爷爷对这类事情历来是不会轻易饶恕的。因此，按照惯例，是应该重加惩罚。可是，当一看到站在那里的是个玩泥巴、树叶的小孩子，却又有些不忍心了。于是，便对谷神说：“你气量要放宽宏些，他还是个不懂事的小娃崽呀，他不是有意的。今后凡是这些不懂事理的娃崽，你们都不必送到这里来了，我是不会处罚的。”说完，便打发谷神把那小孩带回人间。从那以后，布依族就给自己的孩子缝“枫叶衣”，穿在身上，表示他们年纪小，不懂事，吃饭抛撒点粮食，天上的雷公爷爷也不会怪罪的。

水族

依山傍水而居的水族，与汉、苗等族杂居于黔南布依族苗族自治州的三都水族自治县和荔波、独山、都匀、榕江等县，也有一小部分散居在广西壮族自治区的西北部。据《唐书·南蛮传》记载，“东谢蛮”服饰为“丈夫衣服有袄衫，大口袴，以锦绣及布为之”，男女发式为“椎髻，以绑束之”。作为“东谢蛮”之一的水族，唐以前的服饰装束大体如此。至清代，男子戴瓜皮帽，穿大襟无领蓝布长衫，袖宽约26厘米。妇女上穿青色无领对襟短衣，身大袖宽，衣角镶有彩色花边，下穿短裙或长裤，系青布围腰，穿翘鼻绣花鞋。中年妇女往往将长发盘绕于头，包青白色头布。后来，水族的服饰发生了较大变化。清末，统治者强迫水族人民改穿紧身衣服、马裤、旗袍，引起水族人民极大的反感和不满情绪。现代以来，水族妇女服饰又有了一些明显的变化。未婚女子常以蓝、绿色绸缎为衣料，上穿对襟或右衽衫，下为长裤，青白布包头，装束简便朴素。每逢节日，佩戴银胸、项圈等。已婚妇女服饰较为华丽，一般穿蓝色大襟无领半长衫，青布长裤，托肩、袖口、裤脚等部位饰有几何花纹或镶有花边，腰系青色绿花围腰。老年妇女多穿大襟或对襟上衣。已婚妇女为将长发梳成一根长辫，斜绾在头上，侧面插一把梳子，十分美观。老年妇女则绾发于头顶，上插一把梳子。大体而言，与其民族性格一样，水族服饰天然淳朴。

「 水族服饰 」

仡佬族

仡佬族人口不很多，分布却比较广，除绝大部分散居于贵州的仁怀、黔西、织金、镇宁等10多个县市外，还有少数分布在云南的广南、马关、文山、富宁等县及广西的隆林各族自治县。仡佬族传统服饰很有民族特色。

「仡佬族服饰」

据史书记载，大约在 19 世纪中叶，仡佬族妇女的服饰是上衣短褂，长仅及腰，袖背上全部饰以鳞状花纹，下穿桶裙或裤子。所谓桶裙，即裙子是无褶的，呈长桶状，穿时由脚下套入。裙子由上、中、下三部分组成，中间部分为羊毛织成，染成红色，上、下两部分则多为麻织，一般有青、白色条纹。裤子长而下宽，以浅蓝色为主。上衣变化也有一些，青壮年妇女多穿深蓝色和黑色的上衣，其样式是右衽，胫部和右下腋分别用纽扣结合，衽下有襟，衽上一般没有花纹。结婚不久的年轻女子，襟边有简单的浅色布条纹二道至三道，外边套以斗篷，斗篷用整块青布缝制，在中间剪一个洞口，即为领口，无袖，前短后长，穿时从头顶套下即可。斗篷上有些装饰，斗篷的边上往往要绣一些花纹，斗篷的项带和腰巾的繁带用金属花链构成，简便而不失华丽。仡佬族女子的鞋也很有特色，鞋的式样为椭圆形，鞋口有一带系在脚面的外方，鞋头绣有各种草木花卉，朴实美观。

过去，仡佬族男子服饰上衣右衽，长至膝盖以下，襟边有纽扣，腰束一长带。裤子长且宽大，以黑色为主。穿“元宝鞋”（因前脸有一圆形布盖而得名）或“勾勾鞋”（鞋前边有二道脸，到前边尖端直向上挑而得名）。仡佬族男女也都有包头的习惯，布的颜色为深蓝或黑色。两端有穗头的用长约 2 米、宽约 18 厘米的布巾来缠头，由右从后方向前方缠绕，两头正好在两鬓处，向里一掖即可，头顶露在外面。也有的仡佬族妇女不包头，而是用一块花帕盖头。

仡佬族佩饰习惯有自己的特色，小女孩戴耳环，十二三岁以后蓄长发，结发辫，缠绕在脑后，再用头巾包头，露头发在外面，到这时开始戴银手镯。已婚妇女都要将前额上面的头发剃去 3 厘米多，作为已婚的标志，并开始在后边的发髻上戴上簪子和链形的白银发饰。进入老年，妇女只戴戒指与手镯。

新中国成立后，特别是近三四十年来，仡佬族服饰发生了较大变化，大多与当地汉族相似。

侗族

居住在湖南、贵州及广西三省（区）毗邻地区山谷中的侗族，其服饰在很早的时候就有记载。文献称宋时“男未娶者，以金鸡羽插髻”，“女以海螺数珠为饰”（《老学庵笔》卷四）。又有清弘治年间的《贵州图经新志》卷七载，明代的“侗人”，“男子科头跣足或趿木履”，“妇女之衣裙，裙作细褶，后加一幅，刺绣杂文如绶，前胸又加绣布一方，用银线贯泡为饰，头髻加梳于后”，“女子戴金银耳环，多至三五对，以结钱串于耳根。织花细如锦，斜缝一尖于上为盖头，脚趿无跟草鞋”。

随着时光流逝，侗族服饰也在发生变化，又因居住环境不同，从而形成了不同地域之间的差别。锦屏、通道、靖县一带的妇女，大多着右衽无领上衣，托肩滚边，钉银珠大扣。未婚女子多用红色毛线绳与头发合编发辫，盘在头上；已婚女子挽发髻，包对角头帕，束腰带。黎平、锦屏一带的妇女衣长及膝，以三角头帕装饰头部。都柳江两岸的妇女，上衣为大襟无领，长及膝盖，襟边、袖口、裤脚都镶花边或滚边，头部的装束以挽顶髻或盘髻为主。通道、龙胜、三江一带的女衣上下皆为宽大型，上衣大襟无领，无纽扣，下衣为褶裙或短裤，有的束腰带，裹腿；也有的衣襟、袖口镶花边或绣花纹。头部装束为挽发髻。

侗族的背扇纹饰结构复杂，饰以鸟、龙和各种几何纹样，用抽象或变形手法刺绣。有的植物纹则往往以小串珠连接而成，具有强烈的浮雕效果。

侗族男子服饰已逐步汉化，一般穿对襟短衣和长裤，用青布或蓝布包头。但是，有的地区侗族男子着右衽无领短衣和大管裤及云勾花鞋，仍保持几分古时风格。

「侗族服饰」

侗族妇女大多喜爱佩戴耳环、项链、戒指、手镯等首饰。侗族妇女服饰的种类虽不及苗族，但也很繁多，特别是每逢节日的银饰盛装，更是十分漂亮，表现出鲜明的民族特色。

瑶族

瑶族大多聚集在广西境内，但也有相当一部分人口广泛分布于湖南、云南等省内。由于分布地域的差别，瑶族服饰十分复杂，就其造型样式来说，据不完全统计，达六七十种之多。尤其是妇女服饰，更为繁复。有的上穿无领短衣，以带系腰，下着长短不等的裙子；有的着长可及膝的对襟上衣；有的穿后面长、前襟短过膝的长衣，腰束长带。有的腰带是自染自织的红蓝色的蚕丝腰带，上绣花纹。下身穿长裤或短裤。男子的服饰要显得简洁一些，其基本形式是，上衣多为右衽或对襟，也有丫字形花领的，下身为宽脚长裤。

湖南瑶族的服饰与广西瑶族的服饰颇为不同。男子喜穿右襟开口的长袍，着宽大舒展的裤子。妇女的上衣为右衽或对襟样式，袖口处多饰红、白、蓝等花边，宽大的围腰长过膝盖，其上饰各色花边。节日里，装束更加特别，在腰部束以银链，增加了几许华丽。

云南瑶族男子上衣分内、外两件，内衣为无领对襟长袖，袖口等处饰有一些图案；外衣为斜挎对襟无袖白布褂。下穿宽边短裤，裹绑腿。妇女的上衣是无领长襟式，青黑色，袖口饰彩色花边。胸襟成丫形，并镶有几何纹饰，上压一串长方形银牌。下穿长裤，一般都织有几何图案。

在贵州荔波县，有部分瑶族被称为“长袍瑶”和“青裤瑶”，其服饰有着明显的特征。长袍瑶女子上穿无领无扣右衽花边衣，背牌为用挑花或蜡染技术制成的图案，下装为蜡染挑花百褶裙。青瑶和长袍瑶女子的服饰大体上相同，却也略有区别，比如青裤瑶女子头部结发，上饰三根银簪。

湖南瑶族女子的头饰很有特色，比较典型的头饰是以铁丝、木条做骨架，上铺彩色盖头布，看上去显得宽博厚重，硕大沉稳。云南部分瑶族女子过去还戴一种支架高耸、上蒙黑布、下垂红色缨络的帽子，具有独特的风格。金平瑶族女子在三角形上饰以挑肩的串串银饰，形成别具一格的装扮方式。

许多地方的瑶族妇女夏天多跣脚，有的穿草鞋、布鞋，有的布鞋样式与清代满族的女子鞋极为相近。

「瑶族全家福」

湖南宁远一带的瑶族女子尤其擅长刺绣，她们的衣装多为自己制作，其刺绣清新明快。小姑娘六七岁开始学刺绣，一直绣到出嫁。往往一套嫁衣要花十多年时间，不知凝结了姑娘多少心血，寓聚着姑娘多少美妙的情思。在当地，女子穿用的背心、胸巾、围裙甚至脚丝带，无一不是用刺绣和挑花来装饰。瑶族女子刺绣时没有固定的图案，也不用绣前绘画打样，都是凭着各自的生活阅历，或者是靠丰富的想象，用一双灵巧的手，就可以绣出绚丽多姿、仪态万千的锦绣来。这些彩锦，大都是以深蓝色和青蓝色布为地，以红、橙、黄、绿等多色绒线织锦挑花。其简练的手法，清晰的纹路，丰富的图案，令人叫绝。特别是一些形象鲜明动植物图案，如“彩蝶纷飞”、“双凤戏菊”、“猎人捕鹿”等，构思巧妙，意境优美。在色彩上大胆使用鲜明强烈的原色，古朴明朗且亮丽显眼，表现了瑶族人民纯朴爽朗的性格。

56 个民族 56 朵花，56 个民族的服饰更像是数不清的朵朵鲜花集结成一个花团锦簇、缤纷多彩、绚丽夺目的大花园。在这个满目绚烂的大花园里，一直以来，长江流域的民族服饰以其新颖的款式、艳丽的色彩、精巧的工艺、独特的风貌而使世人欣羡不已。篇幅所限，我们不能将长江流域 30 多个民族的服饰一一展示，然而，仅从以上一些颇具代表性的民族服饰浏览中，就已经感到目不暇接，美不胜收。这些丰富多彩的服饰，凝聚着长江流域各族人民的文化，是各民族聪明才智的结晶，也是各民族性格的象征，它们从不同的侧面集中反映出长江流域少数民族服饰的整体风貌。

| 长江流域服饰的文化价值 |

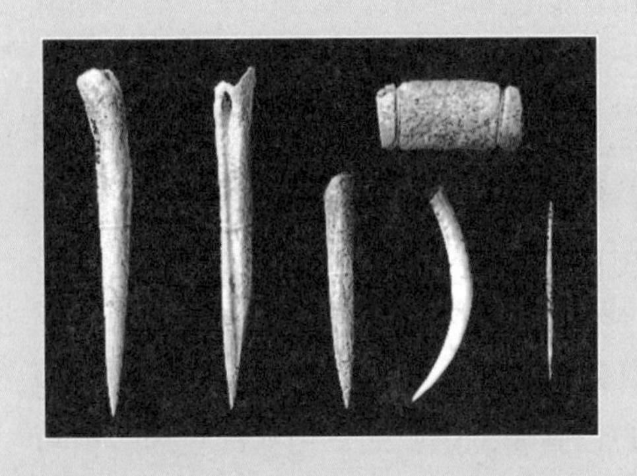

“如果地球上的人都不着服饰，统统赤裸着自己的胴体，那么，彼此都是一样，没有什么区别；但是，一旦穿上服装，佩上各种金属首饰，我们就能看出不同时代、不同国度、不同民族、不同性格、不同爱好的人群来。”皮尔·卡丹的话，是对服饰文化价值的最好诠释。

服饰是人类生活的重要物质资料，由于它的不可缺少的实用价值和与之俱来的审美价值，使其成为人类文化的重要载体。人们一般都把风格不同、各具特色的民族服饰看作是不同民族的重要标志，服饰又常常作为群体意识的象征和民族精神的表象，成为“氏族的旗帜”和“族徽”。法国当代著名的服装设计大师皮尔·卡丹曾在观看了我国京剧演出之后感慨道，这些戏曲服饰，表现了一定的民族的、历史的、人民的性格特征，确实体现了中国人民丰富多彩、深厚的文化素养和审美特征。他还进一步说道：“如果地球上的人都不着服饰，统统赤裸着自己的胴体，那么，彼此都是一样，没有什么区别；但是，一旦穿上服装，佩上各种金属首饰，我们就能看出不同时代、不同国度、不同民族、不同性格、不同爱好的人群来。”皮尔·卡丹的话从一个侧面说明，服饰具有深刻的文化内涵和独特的文化价值。

明晰探寻历史轨迹

郭沫若曾经说过，由服饰可以考见民族文化发展的轨迹和各兄弟民族间的互相影响，历代生产方式、阶级关系、风俗习惯、文物制度等，大可一目了然，是绝好的史料。就民族服饰而言，在中华人民共和国成立以前，由于各民族社会经济发展极不平衡，因而从各民族20世纪三四十年代服饰中就能看出服饰发展历史的基本脉络。披兽皮、羊皮，是早期人类的普遍装束，历史十分久远。然而，在长江流域西南地区的珞巴、彝、纳西、普米、羌等民族的服饰中，仍保留有此种款式的装束。滇西彝族的黑羊皮褂像长披肩，羊皮的头、尾及四肢全都不剪裁，而且也不钉纽扣；四川凉山的彝族，男女皆披披毡和“察尔瓦”（毛织，下沿带穗饰），蹲下来就可以围护全身，在过去生活困苦时代，就这样围着火塘蹲坐着睡觉。珞巴族猎手都要披张黄羊皮，围系于肩部。还有一些少数民族妇女以一片布围成筒裙的着装方式，也是一种非常古老的打扮。从上述民族的这些装束打扮，就可看到其历史发展的轨迹。再如贯头衣，亦即套头衫，是披肩衣的进一步发展。《后汉书·西南夷列传》记载有这样一件事，说的是永昌郡（今云南保山一带）太守郑纯，每年要哀牢人送两件（领）贯头衣给他。由此可见，当时已有贯头衣，而且在哀牢人中可能要算比较具有特色的好衣服，否则不会让献给地方长官。在当今，长江流域的一些民族中，如藏、彝、瑶、苗等民族，仍流行贯头衣。云南曲靖等地区的彝族女盛装贯头衣，是在长 2 米、宽 1 米衣料的上端 1/3 处，开一方形领口，领口周围刺绣精美图案，穿时套在脖子上，前短后长，自肩披下。交领衣也是一种古老的上衣款式，又称大领衣，其式样很特别，前襟分左右两片，交掩胸前，一般穿着时敞开，显得很潇洒。这种服式现今仍流行于藏、苗、瑶、彝、哈尼、侗、水、布朗等许多民族中，只是长短和花饰有较大差别。大襟衣源于满族旗袍，左襟很大，右衽，过去在南北方都很流行，且颇具实用价值：在南方，妇女在单衣内不用再穿内衣；在北方利于防寒防尘。可如今，大襟衣在广大汉族地区一般都不再穿了，只是老年人偶尔着用。但是，在少数民族中大襟衣仍大有市场，如在东北、西北的少数民族中仍普遍流行，在南方的彝、壮、土家、布依、侗、白、毛南、仫佬、纳西、普米、傈僳、拉祜、怒、京等民族中也很流行。只是各地各族大襟衣的宽窄、长短、厚薄有较大差别。

就首饰而言，原始人类是用野兽的牙齿、骨头、贝壳和石料制作而成。金属出现之后，才逐渐用稀少而贵重的金属和珍珠、玛瑙类来做首饰。可是，在当今的一些少数民族中，仍有用动物骨、角及贝壳等制作首饰的，也不乏竹、木制品。此外，我们研究考察某个民族服饰发展演变的过程，也可以比较清楚地明了该民族经济文化发展的历史轨迹。

客观考见时代变迁

清代学者叶梦珠在《阅世编·冠服》中说道：“一代之兴，必有一代冠服之制。其间随时变更，不无小有异同，要不过与世流迁，以新一时耳目。”大意是指服饰会随着时代的变化而变化。也就是说服饰与时代息息相关，属于跟随时代最紧的，常随着时代的政治、经济、思想的变化而变化。

唐代大诗人白居易曾有一首新乐府《上阳白发人》，描述了一个宫女在上阳宫里空度 45 个春秋，最后“红颜暗老白发新”的悲剧。早在唐玄宗末年，她入选进宫时，是个“脸似芙蓉胸似玉”的美貌少女，谁知“未容君王得见面，已被杨妃遥侧目”，从此“妒令潜配上阳宫”，决定了她“一生遂向空房宿”的命运。在她60岁时，已是唐德宗贞元年间，只因数她“宫中年最老”，才获赐“女尚书”的头衔。然而，这实在是大不幸。白居易满怀同情地描写她身上仍是天宝末年进宫时的“时髦”妆扮：“小头鞋履窄衣裳，青黛点眉眉细长。”可是这“天宝末年时世妆”，却使“外人不见见应笑”。韶华易逝，45年光阴一晃而过，外面的服饰已经大变样了，她那身天宝末年的时装，到此时已是旧款式了，必然会引人发笑的。“外人不见见应笑”，这句诗里包含了多少辛酸的悲哀啊！这也从另一方面说明，时代的变化必然导致服饰的变异。可以说，时代的变迁，社会的进步，人们的观念、文化、习俗、风尚等方面的变化发展，总是要反映在服饰上，造成服饰的时代变异。从某种意义上讲，一定时代的服饰，总是一定时代风尚的表现，总是反映着时代的社会风貌，也总是反映着一定时代的观念现象。

服饰的与时迁移、变化不居的特性非常明显。清朝规定男人须里面穿长衫，外面套一件短而小的黑马褂，女子穿旗袍，于是，旗袍和长衫马褂成了最有清朝时代特征的女装和男装。1911年，辛亥革命推翻了清政府，把统治中国几千年的皇帝赶下了历史舞台，人们纷纷剪掉长辫子，脱掉长袍马褂，换上了象征革命的中山装。诞生于上海的中山装上下左右各有一个口袋，领口可扣至颈下，穿上既舒适又精神，深受男士欢迎，很快便在全国各地流行起来，是辛亥革命以后最常见的男子服式。1949年新中国成立后，又时兴起前襟有两排扣的列宁服，不仅从解放区来的女干部穿，就连城市里的阔太太和家庭妇女也都穿上了，并以此为荣。1966年“文革”开始后，穿色彩鲜艳的衣服被视为资产阶级生活方式，而解放军的军服，特别是洗得发白的旧军服成了革命的标志，似乎不穿军服就是不革命，就是时代的落伍者。于是，人们以穿上军装、戴上军帽、背上军用书包为荣，全国上下男女老少的服装几乎是同一种颜色，同一种款式。改革开放以后，服装的变化尤为迅速，人们身上的服装打扮因人而异，可以说是宽松紧窄争奇斗俏，浓妆素裹色彩斑斓，特别是那笔挺的西服，人人争相拥有。如果有谁还穿上“文革”时的旧军服，走在大街上，不被人指指点点才怪。对于中国亿万百姓来说，1998年最喜爱的服饰，莫过于抗洪功臣解放军身

「98 抗洪中身穿迷彩衣的解放军」

上的特定职业服饰迷彩作训服。1998 年夏天，长江洪峰接踵而至，正当长江流域沿线告急时，身穿迷彩作训服的人民解放军从各地源源不断地向长江奔来，奋不顾身地投入到防洪抢险的战斗中。这是自 1949 年渡江战役以来，人民解放军在长江流域沿线最大规模的集结，几十万身着迷彩服将士的英姿，很快成为了世界的焦点（与此同时，北方的嫩江、松花江流域也发生了同样被世人所关注的事情）。当解放军官兵在最危急的关头用血肉之躯挡住洪水、在最紧急的时刻抢救出无数受灾群众、在最关键的时候保住了改革开放的物质成果时，作为抗洪部队官兵标志的迷彩作训服，就成了降伏洪魔的英雄服、灾民们求生的救命服，成为亿万关注长江、嫩江、松花江流域水灾群众心目中的情感服，也是 1998 年最时髦的服饰。正如一位世界服装大师曾说过的那样，服装的变化浪潮就像音乐一样，围绕着时代的主旋律演奏出和谐的交响乐。

真实反映生存环境

生存环境应包括地理条件、自然气候、生产方式、生活习性、风俗习惯等诸多因素。这些因素通过直接或间接的方式无不渗透到各地区、各民族的服饰中来，也就是说，各个地区、各个民族的服饰都能真实地反映出本地区、本民族人们的生存环境状况。

生活在草原、沙漠中的游牧民族由于其狩猎放牧的生活生产方式，导致其服饰与以农耕为主的汉族人服饰的差别。在最初，这种差别体现在服饰的款式、质料方面，像游牧民族较多地着用皮革、毛呢制品，而农耕民族则较多地着用棉、麻、丝之类。在款式上，游牧民族大多以紧身的上衣下裳或较为方便的长袍为基本形制，而农耕民族则较多地以宽松的深衣制为基本类型。后来，随着社会的发展，地区或民族间的交流日趋频繁，上述服饰式样发生变化，但就总体而言，仍不失各自的基本特色。

从另一方面来说，即使同样从事着某一种生产活动方式，也会因自然条件的不同而造成人们服饰上的不同。我国大部分地区都以农业生产为主，但南方气候温暖，夏季时间长，冬季较短，并且多雨多水。人们为了便于在水田里耕作，常常光着脚或穿上草鞋，头上戴着草帽或斗笠。这种草帽或斗笠，晴天里可以遮挡暴烈的阳光，下雨时又可作为雨具，休息时可以作扇子来扇凉或作垫子坐下休息，有着非常广泛的实用性。然而，北方一些地区的农田里，常见农民头上扎着一条白色的羊肚毛巾，这里气候干燥，缺雨少水，干活时灰尘飞扬，常常弄得一身尘土，而扎在头上的羊肚毛巾就恰好有多种妙用：既可遮挡灰尘，又可用来擦汗；夏日蒙在头上可防太阳晒，冬天可作为围巾遮住耳朵以防冻伤，其实用效果与南方头上的草帽或斗笠有着异曲同工之妙。

长江流域一些少数民族的服饰装束，同样反映出他们各自的生存环境状况。生活在高寒地区的藏族同胞，气候变化要求其“早穿皮袄午穿纱”，但是劳动环境和物质条件又不允许其一日三换，于是绝大多数劳动群众便一年四季身穿皮袍，为干活方便，可以脱下右袖，或袒露上身，把皮袍系在腰间；天冷时毛皮朝里穿，天热时毛皮朝外穿；长而宽的袍子，在躺下休息或睡眠时，铺的盖的就都有了。岷江上游的羌族，“逐山岭而居”，日常劳动运输多靠人背东西，加之山区气候多变，故在麻布长衫外另套一件较长的羊皮背心，毛朝里面，一般不缝面，不是为了装饰，而是生产劳动的需要。还有一些少数民族喜爱佩带长刀或砍刀，与他们常在山林荆棘中开道和防毒蛇野兽不无关系。许多民族的妇女喜欢穿裙子，但凡比较短的或质料轻薄的，大多是气候较热、又从事水田稻作的民族或地区，因为裙短便于田间劳作，轻薄较容易晒晾干。由此可见，服饰十分客观地反映了人们生存环境的实际状况。

细微洞察世态民风

服饰与人类社会生活密切相关，由服饰可以看出人们年龄、性别、职业、贫富等方面的差别，还能看出节庆、婚姻、丧葬、崇尚、信仰、礼仪等习俗，一句话，服饰是世态民情、风俗习惯的真实写照。

以年龄为例，各民族都有依年龄段不同而着与之相应服饰的习俗。四川凉山彝族少女，15 岁前穿红、白两色的横接百褶裙，梳单辫；满 15 岁时行成年换裙礼，改穿红、蓝、白三节拖地长裙，梳双辫，挽头上，戴花头帕、银耳坠等。在佤族，则有“欲知年龄数脚圈”的说法，因为未成年女子每长一岁即加一竹藤脚圈。还有如拉祜族婴儿出生 3 天内让“干爹”为其栓线，基诺族婴儿出生 9 天后给孩子帽上结红线以“定魂”，白族婴儿出生 7 天后让其穿一件狗披过的“狗衣”，纳西族婴儿满月时须穿旧衣改制的长衫，哈尼族人 60 岁改戴饰有吉数 105 颗银泡的寿帽或包红色头布。几乎每个民族都有自己的一套随年龄变化而换装的习俗。

喜怒哀乐，是人类的基本感情；婚丧节庆，是人类基本的情感节仪。在各种不同的心情和状态下，人们的服饰是有明显的区别的。同时，人们在类似的心情和状态下，不同的民族或不同的地区，服饰又是有差异的，反映了不同民族或不同地区的乡风民俗。如新娘结婚之日的穿着打扮与平时是大不一样的，在结婚时都有专门的嫁衣和新装，新人与参加婚礼的人有明显的区别。特别是在以前，很多地方都有为新娘开脸、梳头、穿上轿衣的习俗。开脸就是用线把脸上的汗毛绞掉，同时修弯眉毛、剪好鬓角。这是已婚女子与未婚女子的一个区别。开脸一般在婚前几天进行，负责开脸的必须是一位夫、子、女都健全的中老年妇女。开脸前应该有某种仪式，如浙江湖州，开脸前男家送来 6 个“开脸盘”，盘中分别放着鱼、肉、鸡、喜果、红烛、鞭炮、脂粉等。女家收到后，再请姑娘的舅母等长辈妇女为其开脸。梳头又叫上头，有的地方叫上轿髻，就是要把姑娘的头发式样改梳成媳妇的发髻。各地梳头的习惯又不尽相同，浙江绍兴一带要先拔下新郎和新娘的几根头发，混在一起搓成线，扎到新娘的发髻里，寓意“结发夫妻”。江苏高邮一带的新娘沐浴更衣后，端坐梳妆台前，点上红烛，喝两口茶，这叫“闭口茶”，意为出嫁后要少说话，待到被嫁到夫家后喝过开口茶再开口说话。喝完闭口茶，全家人把她的头发梳向脑后，盘成发髻，再用双层红纱带从前勒到脑后，共勒 12 道，俗称 12 月太平，即使勒疼了也不能喊疼，目的是让新娘学会忍耐，到夫家后遇事不发火。新娘的上轿服装与平时出门作客或节庆换件衣服是不同的，这种服装大都是特意为新娘上轿做的，一生也只穿这一次。颜色一定是大红色，因为红色象征喜庆。上轿服装一般仅备一套，也有备几套的，如江苏吴县等地为3套，一套棉衣是男家送给新娘迎娶时穿的。另一套是坐在轿子上和举行婚礼仪式时穿的，这套是粉红多功能的花衣花裙，饰有牡丹图案，是与花轿一起租来的。还有一套是土布衣服，裤子为蓝地白花，头巾、衫、裙均为靛青色，是婚后劳动时穿的。

节日带来了欢乐，欢乐少不了歌舞，歌舞当然离不开华丽的服饰。因此，各民族的节庆活动，从某种意义上来讲，也是本民族服饰的展览活动。从服饰的穿戴上，可以反映出本民族的节庆风俗特色。居住在云南地区的景颇族目脑节盛会尤为壮观：开始，长鼓、铓锣、短笛齐奏，接着一队妇女头顶花篮入场。由身穿黄袍、手持景颇刀、头戴孔雀羽和“瓦江嘴（一种罕见的鸟的嘴）帽”的“脑双”引领，人们应锣鼓节奏鱼贯而入会场，列队起舞。参加盛会的男子，一色白上衣、白包头；包头的两端扎成垂肩的英雄结，并缀有彩色小绒球和图案花边；腰系镶银的刀鞘，手持精美的长刀，肩挎银饰彩包，有的横挎象脚鼓，一个个英姿焕发，舞步矫健。女则头戴红帽子，身穿一色的红筒裙，紧身黑上衣缀着几十个闪光的银泡和银坠，手持彩帕、花扇、花伞，颈项上挂着几个银链子和银项圈，耳朵上戴银耳筒，手臂上戴银手镯。浑身上下，银光闪闪，窸窣叮当。还有的女子将涂上黑漆或红漆的藤圈围在腰间、胯部，也颇具特色。阿昌族的窝乐节也是一次盛大的服饰表演。节日这天，分散在山区各乡的阿昌族人都穿上最好的传统服装，舞着草龙，打着鼓，汇集到县城。最引人注目的是阿昌族妇女仿照狩猎时的箭头制成的黑色高包头，又称“箭包头”，上面插满鲜花，别具一格。

还有许多少数民族在举行节庆歌舞活动时，对参加活动者的服饰，也有特定的要求。在歌舞庆典活动中的服饰，或在舞台上表演的舞蹈服饰，不是日常服饰的简单照搬或随意撷取，而是经过了精心的艺术加工。无论是用料的选择、色彩的艳丽、饰物的精美，都要比日常生活中的服饰更集中、更典型化，也更能反映出民族特色。

主要参考文献

[1] 周锡保.中国古代服饰史.北京:中国戏剧出版社,1984
[2] 王朝闻. 中国民间美术全集.济南:山东友谊出版社,山东教育出版社,1994
[3] 上海市戏曲学校中国服装史研究组.中国历代服饰.上海:学林出版社,1984
[4] 杨存田.中国风俗概观.北京:北京大学出版社,1994
[5] 周汛,高春明.中国古代服饰风俗.西安:陕西人民出版社,1988
[6] 柯杨.中国风俗故事集.兰州:甘肃人民出版社,1985
[7] 黄能馥,陈娟娟.中国服装史.北京:中国旅游出版,1995
[8] 范玉梅等.中国少数民族风情录.成都:四川人民出版社,1987
[9] 戴争.中国古代服饰简史.北京:轻工业出版社,1988
[10] 戴平.中国民族服饰文化研究.上海:上海人民出版社,1994
[11] 曾庆南,张纬雯.中国少数民族风情录.北京:中国青年出版社,1988
[12] 许南亭,曾晓明.中国服饰史话.北京:轻工业出版社,1989
[13] 史仲文,胡晓林主编.中国全史.北京:人民出版社,1994
[14] 苏日娜.少数民族服饰.北京:中国社会出版社,2008
[15] 黄能馥,乔巧玲.衣冠天下.北京:中华书局,2009
[16] 黄能福,陈娟娟,黄钢.服饰中华.北京:清华大学出版社,2013
[17] 何相频,阳盛海.湖南少数民族服饰.长沙:湖南美术出版社,2010

图书在版编目（CIP）数据

华美服饰 / 邓儒伯，邓亮亮著．—武汉：长江出版社，2019.6（2023.1 重印）

（长江文明之旅丛书．民俗风情篇）

ISBN 978-7-5492-6512-1

Ⅰ．①华…　Ⅱ．①邓…②邓…　Ⅲ．①长江流域—服饰文化—介绍　Ⅳ．①TS941.12

中国版本图书馆 CIP 数据核字（2019）第 105268 号

项目统筹：张　树
责任编辑：冯曼曼　　苏密娅
封面设计：刘斯佳

华美服饰

刘玉堂　王玉德　总主编　邓儒伯　邓亮亮　著
出版发行：上海科学技术文献出版社
地　　址：上海市长乐路 746 号　200040
出版发行：长江出版社
地　　址：武汉市解放大道 1863 号　430010
经　　销：各地新华书店
印　　刷：中印南方印刷有限公司
规　　格：710mm×1000mm　1/16
印　　张：9.25
字　　数：122 千字
版　　次：2019 年 6 月第 1 版　2023 年 1 月第 2 次印刷
书　　号：ISBN 978-7-5492-6512-1
定　　价：39.80 元